ISBN 978-3-662-33376-1   ISBN 978-3-662-33772-1 (eBook)
DOI 10.1007/978-3-662-33772-1

Zur Kenntnis der Milchphosphatasen

I. Mitteilung

Zur Bestimmung der Phosphomonoesterasen in Rohmilch[1]

Von

FRIEDRICH KIERMEIER und ELFIE MEINL

Mitteilung aus dem Milchwirtschaftlichen Institut der Technischen Hochschule München in Weihenstephan

Mit 14 Textabbildungen

(Eingegangen am 11. November 1960)

---

[1] Auszug aus: E. MEINL: Über Vorkommen und Eigenschaften der Phosphatasen in Kuhmilch. Dissertat. T. H. München 1960.

I. Bestimmung der alkalischen Phosphatase

A. Vorhandene Methoden

Phosphatasen hydrolysieren als unspezifische Esterasen Phosphorsäureester verschiedener Zusammensetzung. Die Bestimmung einer Phosphomonoesteraseaktivität beruht daher auf der Erfassung des durch die Enzymaktivität hydrolysierten Anteils eines in bekannter Menge zugesetzten Phosphorsäureesters. Dabei kann sowohl das entstandene freie Orthophosphat wie auch der organische Paarling bestimmt werden.

Für die Bestimmung der geringen Mengen von anorganischem *Phosphat*, die bei einer Enzymhydrolyse entstehen, sind colorimetrische Methoden gravimetrischen vorzuziehen. Bekannt sind die Methoden von FISKE und SUBARROW[2] in der Modifikation von UMBREIT, BURRIS und STAUFFER[3] oder die von MARTLAND und ROBISON[4] oder KING[5] und — speziell ausgearbeitet für Untersuchungen in Milch — die von SAINGT und JAQUET[6]. In all diesen Methoden wird das Phosphat durch Umsetzung mit Ammonmolybdat bestimmt und die entstandene Phosphormolybdänsäure im sauren

---

[2] FISKE, A., u. Y. SUBARROW: J. biol. Chem. **66**, 375 (1925).
[3] UMBREIT, W. W., R. G. BURRIS u. J. F. STAUFFER: Manometric Techniques and Tissue Metabolism. 6. Aufl., S. 190. Minneapolis: Burgess Publishing Co. 1951.
[4] MARTLAND, M., u. R. ROBISON: Biochem. J. **28**, 848 (1926).
[5] KING, E. J.: Microanalyses in Medical Biochemistry. 2. Aufl. London: Churchill 1951.
[6] SAINGT, O., u. J. JAQUET: Ann. Falsif. Fraudes **47**, 91 (1954).

Milieu zu Molybdänblau reduziert, dessen Farbintensität meßbar ist. Der Unterschied besteht lediglich in der Wahl der Reduktionsmittel und der speziellen Versuchsbedingungen. Für Untersuchungen in Milch ist diese Phosphatbestimmung nicht vorteilhaft, da die Milch viel eigenes Phosphat enthält, was zu jeder Einzelprobe die Bestimmung eines Blindwertes notwendig macht. Ein weiterer Nachteil gegenüber der Bestimmung des organischen Esterteiles ist, daß bei der Hydrolyse von einem Mol Substrat gewichtsmäßig weniger Phosphat als organische Substanz freigesetzt werden, wodurch sich mit der Phosphatbestimmung geringe Spaltungsgrade schwerer feststellen lassen. Bestimmungsmethoden, die den organischen Paarling des Substratesters erfassen, verwenden in der Regel Substanzen, aus denen im Lauf der Hydrolyse entweder direkt Farbstoffe oder leicht anfärbbare Substanzen entstehen. Die klassische Methode dieser Reihe ist die Phenolbestimmung mit *Di-Natriumphenylphosphat* als Substrat. Letzteres wird außerordentlich leicht von den Phosphatasen gespalten[1] und das entstandene Phenol kann exakt erfaßt werden. KING und ARMSTRONG[2], FOLLEY und KAY[3] sowie KAY und GRAHAM[1] setzen das freie Phenol mit dem Phenolreagens von FOLIN und CIOCALTEU[4] um und messen die resultierende blaue Farbe. SCHARER[5] dagegen verwendet statt des unbeständigen und lichtempfindlichen Reagens von FOLIN das Phenolreagens von GIBBS[6] (2,6-Dibrombenzochinon-1,4-chlorimid-4) und erhält das blaue Natriumsalz eines Indophenols, dessen Farbintensität in geringen Konzentrationen dem Lambert-Beerschen Gesetz gehorcht. Auf seine Arbeitsweise bauen sich viele Modifikationen auf, vor allem die sog. Phosphateste zur Bestimmung ausreichend erhitzter Milch. Diese Modifikationen unterscheiden sich lediglich in der Wahl der Versuchsbedingungen, die Reaktion als solche bleibt unverändert. So extrahieren ASCHAFFENBURG und NAEVE[7] sowie ANDERSEN[8] das blaue Indophenol mit n-Butanol, um Nebenreaktionen des Gibbsschen Reagens mit Aminosäuren auszuschalten[9], KOSIKOWSKY[10] ersetzt das die Farbentwicklung störende und Trübungen verursachende Proteinfällungsmittel Bleiacetat durch Trichloressigsäure, SCHWARZ und FISCHER[11] durch Zinksulfat. SANDERS und SAGER[12] arbeiten statt mit dem die Enzymaktivität hemmenden Borax-Natronlauge-Puffer von SCHARER mit einem Bariumhydroxyd-Borsäure-Puffer. Dieser hat den Vorteil, daß das Barium in Milch anwesendes Citrat und Phosphat als unlösliche Salze ausfällt, und das Dinatriumphosphat nicht angegriffen wird, wie es z. B. beim häufig verwendeten[8, 7, 10, 11] Carbonat-Bicarbonat-Puffer der Fall ist. Weitere Modifikationen des Scharerschen Phosphatestestes befassen sich mit der Bestimmung der alkalischen Phosphatase in Milchprodukten wie Käse[13, 14, 15], Rahm[16, 17] oder Butter[18, 19].

In den letzten Jahren schenkte man besonders solchen Substraten Aufmerksamkeit, bei deren Hydrolyse direkt ein Farbstoff entsteht. So beschreiben OHMOHRI[20], BESSEY u. Mitarb.[21] sowie — speziell für Milch — ASCHAFFENBURG und MULLEN[22] die Eignung des *p-Nitrophenyl*-phosphats als Substrat zur Messung der Phosphataseaktivität. Die Methode hat den Vorteil, daß direkt während der Enzymhydrolyse aus dem Substrat das im alkalischen Milieu gelb gefärbte p-Nitrophenol entsteht. Die Farbintensität des p-Nitrophenols ist jedoch gering, so daß lange Reaktionszeiten notwendig sind, bis meßbare Extinktionen erreicht werden[23]. HUGGINS und TALALAY[24]

[1] KAY, H. D., u. W. R. GRAHAM: J. Dairy Res. **5**, 64 (1933).
[2] KING, E. J., u. A. R. ARMSTRONG: Canad. Med. Assoc. **31**, 376 (1956).
[3] FOLLEY, S. J., u. H. D. KAY: Enzymologia **1**, 48 (1936).
[4] FOLLN, O., u. V. CIOCALTEU: J. biol. Chem. **73**, 627 (1927).
[5] SCHARER, H.: J. Dairy Sci. **21**, 21 (1938).
[6] GIBBS, H. D.: J. biol. Chem. **72**, 649 (1927).
[7] ASCHAFFENBURG, R., u. F. K. NAEVE: J. Dairy Res. **10**, 485 (1939).
[8] ANDERSEN, A. C., u. H. VESTESEN: Beretning Vorsoglab, Kobenhavn **210**, 47 (1944).
[9] FEARON, W. A.: Biochem. J. **38**, 399 (1944).
[10] KOSIKOWSKY, F. V., u. A. C. DAHLBERG: Science **110**, 480 (1949).
[11] SCHWARZ, G., u. O. FISCHER: Milchwiss. **3**, 41 (1948).
[12] SANDERS, G. P., u. O. S. SAGER: J. Dairy Sci. **29**, 737 (1946).
[13] CAULFIELD, W. J., u. W. H. MARTIN: J. Dairy Sci. **28**, 155 (1945).
[14] GILCREASE, F. W.: J. Ass. off. agric. Chem. **30**, 422 (1947).
[15] KOSIKOWSKY, F. V., u. A. C. DAHLBERG: J. Dairy Sci. **32**, 751 (1949).
[16] BARBER, R. W., u. C. W. FRAZIER: J. Dairy Sci. **26**, 343 (1943).
[17] PARFITT, E. H., u. W. H. BROWN: Nat. Butter u. Cheese **30**, 1 (1939).
[18] BROWN, W. H.: J. Dairy Sci. **23**, 510 (1940).
[19] MARINELLI, M., R. OLIVO u. R. VENTURI: Latte **31**, 539 (1957).
[20] OHMORI, Y.: Enzymologia **4**, 217 (1937).
[21] BESSEY, O. A., O. H. LOWRY u. A. BROCK: J. biol. Chem. **164**, 321 (1946).
[22] ASCHAFFENBURG, R., u. J. E. C. MULLEN: J. Dairy Res. **16**, 58 (1949).
[23] SCHORMÜLLER, J., u. E. LAHMANN: Diese Z. **100**, 114 (1955).
[24] HUGGINS, C., u. P. TALALAY: J. biol. Chem. **159**, 399 (1945).

verwenden Natriumsalze des Phenolphthaleinphosphats als Substrat und messen das bei der Hydrolyse frei werdende, im alkalischen Milieu tief rotgefärbte *Phenolphthalein*. Auf dieser Basis beruhende Bestimmungsmethoden für Milchphosphatase sind uns durch STIVEN[1], TULLOCH[2], MIKHLIN[3], SCHWARZ[4] und JANECKE[5] bekannt. Für quantitative Untersuchungen mit Proben verschiedenen Phosphatasegehalts ist nur die von SCHORMÜLLER[6] auf die Arbeitsweise von JANECKE aufgebaute, colorimetrische Methode von Bedeutung. Alle anderen Modifikationen haben mehr halbquantitativen Charakter, da das Phenolphtalein nicht isoliert und colorimetrisch erfaßt, sondern nur mit Milchproben bekannten Farbstoffgehalts verglichen wird. Die Farbintensität des Phenolphtaleins ist zwar gut meßbar, das Reagens selbst aber wird teilweise vom Protein adsorbiert, was speziell für Untersuchungen in Milch und anderen proteinhaltigen Medien von Nachteil ist[6]. Daneben greifen die Phosphatasen Ester des Phenolphtaleinphosphats nur langsam an, so daß — wie bei der p-Nitrophenolbestimmung — lange Reaktionszeiten notwendig werden. GIRI[7] und WOLFSON[8] machen das Phenolphtalein papierchromatographisch sichtbar, eine Arbeitsweise, die für die Milchphosphatase noch nicht angewandt wurde.

Auch die Methoden von SELIGMANN[9] oder VECEREK[10] — Verwendung von *Naphtylphosphat* als Substrat und Bestimmung des farbigen β-Naphtols — sowie die von NEUMANN[11] — Verwendung von fluoreszierenden Stoffen wie *Eosin* oder *Fluorescin* als organische Esterkomponente — haben für die Bestimmung der Milchphosphatasen bis jetzt wenig Bedeutung erlangt.

B. Wahl einer Methode

Die im Rahmen dieser Arbeit auszuführenden Enzymbestimmungen erstreckten sich auf Untersuchungen der sauren und alkalischen Phosphomonoesteraseaktivität in roher und verschieden erhitzter, bzw. inaktivierter Milch. Demnach mußte ein Arbeitsgang gefunden werden, der es erlaubt, sowohl beide Enzyme ohne große Veränderung der Versuchstechnik nebeneinander zu bestimmen, wie auch neben hohen und niedrigen Enzymaktivitäten geringe Aktivitätsschwankungen exakt zu erfassen und — wegen der anfallenden Reihenversuche — viele Bestimmungen in relativ kurzer Zeit auszuführen.

Unter diesen Gesichtspunkten betrachtet, schien uns die klassische Phenolbestimmung die für unsere Zwecke geeignetste Methode: Di-Natriumphenylphosphat wird sowohl von der alkalischen wie von der sauren Milchphosphatase rasch hydrolysiert, und das resultierende freie Phenol ist exakt und einfach meßbar. Wegen der größeren Beständigkeit und besseren Handhabung des Gibbsschen Phenolreagens wählten wir die Phenolbestimmung nach SCHARER[12]. Aus der Fülle der angebotenen Modifikationen dieser Methode entschieden wir uns für die Arbeitsweise von SANDERS und SAGER[13]. Letztere haben der Scharerschen Methode viele Mängel genommen und vor allem die Messung des Na-Indophenols zu einem exakten Arbeitsgang ausgearbeitet, so daß auch geringe Aktivitätsschwankungen noch sicher bestimmt werden können. Daneben haben HAKANSSON und SJÖSTRÖM[14] nach dem Methodengang von SANDERS und SAGER auch die saure Phosphatase der Milch bestimmt, so daß beide Enzyme leicht nebeneinander zu erfassen sind.

---

[1] STIVEN, D.: J. Dairy Res. **15**, 57 (1947).
[2] TULLOCH, W. J.: J. Dairy Res. **22**, 191 (1955).
[3] MIKHLIN, S. J., u. K. G. SHLYGIN: Dairy Sci. Abstr. **12**, 86 (1950).
[4] SCHWARZ, G., u. W. LANGE: Dtsch. Molkerei-Ztg. **73**, 1001 (1952).
[5] JANECKE, H.: Dtsch. Lebensmitt.-Rdsch. **46**, 202 (1950).
[6] SCHORMÜLLER, J., u. E. LAHMANN: Zit. S. 111, Anm. 23.
[7] GIRI, K. V.: Biochem. J. **51**, 123 (1952).
[8] WOLFSON, W. Q.: Nature (Lond.) **180**, 550 (1957).
[9] SELIGMANN, A. M., H. H. CHAUNCY, M. M. NACHLAS, L. L. MANNHEIMER u. H. A. RAVIN: J. biol. Chem. **190**, 7 (1951).
[10] VECEREK, K. K., J. VERCERKOW u. B. CHUNDELA: Chem. Abstr. **49**, 9083 (1955).
[11] NEUMANN, H.: Experentia (Basel) **4**, 74 (1948).
[12] SCHARER, H.: Zit. S. 111, Anm. 5.
[13] SANDERS, G. P., u. O. S. SAGER: Zit. S. 111, Anm. 12.
[14] HAKANSSON, E. B., u. G. SJÖSTRÖM: Svenska Meijeritidn. **44**, 15 (1952).

C. Erfahrungen mit der Methode von Sanders und Sager in Rohmilch

1. Einfluß der Milchmenge

SANDERS und SAGER[1, 2] verwenden in ihren Phosphatasetest für ausreichend erhitzte Milch pro Versuchsansatz 1 ml Milch. Vorversuche mit Rohmilch ergaben jedoch, daß in der Substratlösung schon nach der Reaktionszeit von 1 min nicht mehr meßbare Phenolkonzentrationen vorlagen. Die Verringerung der Rohmilchmenge um eine Zehnerpotenz mittels Verdünnen durch Wasser erbrachte nach einer Reaktionszeit von 30 min gut meßbare Phenolkonzentrationen. Mit dieser Konzentration stellten wir Verdünnungsreihen her, die klären sollten, ob die Aktivität durch den Zusatz von Wasser oder erhitzter Milch beeinflußt wird. Nach den in Abb. 1 graphisch wiedergegebenen Versuchsergebnissen verhält sich die Enzymaktivität sowohl in der Verdünnung mit Wasser wie in der mit erhitzter Milch proportional der zugesetzten Rohmilchmenge. Damit ist einmal die Voraussetzung gegeben, daß die Enzymaktivität exakt bestimmt werden kann, zum anderen gezeigt, daß ein Zusatz von erhitzter Milch keinen Einfluß auf die restliche Aktivität des Enzyms ausübt (genaue Beschreibung der modifizierten Bestimmungsmethode vgl. Teil III, S. 123).

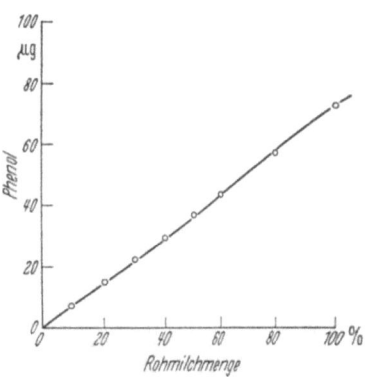

Abb. 1. *Einfluß der Verdünnung (Wasser bzw. erhitzte Milch) auf die Aktivität der alkalischen Phosphatase*

2. Verkürzung der Inaktivierungszeit

Nach dem Phosphatasetest wird die alkalische Phosphatase durch Erhitzen der Reaktionslösung auf 85° C in einem siedenden Wasser-Bad innerhalb 1 min inaktiviert. Bei den in Rohmilch zu erwartenden kurzen Reaktionszeiten von maximal 30 min ist eine Inaktivierungszeit von 1 min relativ lang. Versuche, das Enzym mit Trichloressigsäure spontan zu inaktivieren[3, 4] waren zwar erfolgreich, erforderten aber wegen der eingetretenen Veränderung der Wasserstoffionenkonzentration zu einem p_H-Wert von 1,0 einen hohen Zusatz von Natronlauge zum Farbentwicklungspuffer. Dadurch entstanden unreine Farbtöne, und die Farbentwicklungszeit verzögerte sich.

Tabelle 1. *Erhitzung der Reaktionsflüssigkeit während des Eintauchens der Reagensgläser in verschiedene Heizmedien[5]*

Heizmedium	Erforderliche Erhitzungsdauer für eine Temperatur von			
	62° C sec	73,5° C sec	80,5° C sec	85° C sec
Siedendes Wasserbad . .	32	44	58	74
CaCl-Lösung (Sdp. 120° C)	24	30	32	35

---

[1] SANDERS, G. P., u. O. S. SAGER: Zit. S. 111, Anm. 12.
[2] SANDERS, G. P., u. O. S. SAGER: J. Dairy Sci. 30, 909 (1947).
[3] KOSIKOWSKY, F. V.: J. Dairy Sci. 34, 481 (1951).
[4] SCHORMÜLLER, J., u. E. LAHMANN: Zit. S. 111, Anm. 23.
[5] Die in Tab. 1 aufgeführten Erhitzungszeiten stellen die Mittelwerte von je 10 Einzelmessungen in verschiedenen Reagensgläsern dar. Die Temperaturmessung erfolgte mit Hilfe eines Thermoelementes, das direkt in die Reagenslösung eintauchte.

Mit Hilfe einer siedenden CaCl$_2$-Lösung vom Sdp. 120° C als Heizmedium gelang es jedoch, in der Reaktionsflüssigkeit innerhalb von 35 sec (vgl. Tab. 1) die Inaktivierungstemperatur von 85° C zu erreichen. Als Sicherheitsgrenze wählten wir dann eine Erhitzungsdauer von 40 sec.

3. Einfluß des Farbstoffs

Ferner erwies es sich für Phosphatasebestimmungen in Rohmilch als günstig, die Konzentration der verwendeten Farblösung von 2 Tropfen auf 0,1 ml zu erhöhen und die Farbentwicklungsdauer von 15 min auf 1 Std zu verlängern. Durch die Erhöhung der Farbstoffkonzentration wurde es möglich, in einem Versuchsansatz statt der üblichen 20 µg 100 µg Phenol exakt zu erfassen. Allerdings erhöht sich damit auch die Extinktion der Meßwerte. Wie Abb. 2 jedoch zeigt, verläuft die Veränderung der Extinktion proportional der zugesetzten Farbstoffmenge und liegt bei Blind- und Hauptwert in derselben Größenordnung, so daß sich dieser Meßfehler beim Abzug des Blindwertes wieder aufhebt.

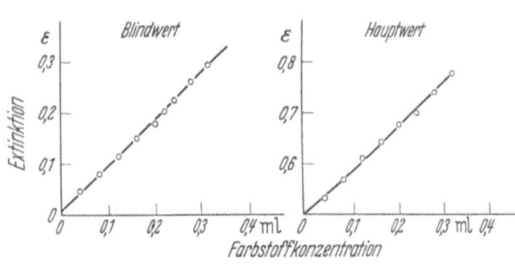

Abb. 2. *Veränderung der Extinktion von Na-Indophenol durch Zusatz verschiedener Dibromchinonchlorimidkonzentrationen zur Meßlösung*

Den zeitlichen Verlauf der Farbstoffentwicklung zeigt Tab. 2. Demnach vergehen mindestens 40 min, bis das gebildete Indophenol seine höchste Extinktion erreicht hat. Zur Sicherheit wählten wir für unsere Bestimmungen eine Farbentwicklungsdauer von 1 Std.

Tabelle 2. *Verlauf der Farbentwicklung von Natriumindophenol in der Meßlösung bei der Temperatur von 37° C*

Probe	Extinktion nach Farbzusatz und einer Stehzeit von								
	10 min	20 min	30 min	40 min	60 min	120 min	180 min	240 min	24 Std
Blindwert	0,119	0,134	0,138	0,140	0,142	0,142	0,142	0,142	0,104
Hauptwert	0,322	0,334	0,336	0,338	0,338	0,338	0,338	0,338	0,306

4. Einfluß von Temperatur und Substratkonzentration

Üblicherweise wird die Aktivität der alkalischen Phosphatase bei einer Reaktionstemperatur von 37° C bestimmt. Aus Abb. 3 geht hervor, daß die Reaktionstemperatur von 37° C für Bestimmungen in Rohmilch ungünstig ist, wenn von sehr kurzen Reaktionszeiten Abstand genommen werden soll. Bereits 20 min nach Beginn der Reaktion tritt eine merkliche Hemmung der Enzymaktivität ein, und die gefundenen Extinktionswerte liegen nahe an der erfaßbaren Meßgrenze, so daß bei Milchproben mit extrem hoher Phosphataseaktivität mit ungenauen Meßergebnissen gerechnet werden muß. Deshalb setzten wir die Reaktionstemperatur auf 20° C fest, bei der die Aktivität des Enzyms fast um die Hälfte verringert ist.

Die Abb. 4 zeigt, daß sich das Optimum der Enzymhydrolyse bei einer Substratkonzentration von 0,023 m-Dinatriumphenylphosphat einstellt. Nach den Arbeiten von HAAB und SMITH[1, 2] liegt letzteres erst bei 0,029 mol. Da das von uns verwendete

---

[1] HAAB, W.: Schweizer Milchztg. **84**, wiss. Beilage **57**, 449 (1958).
[2] HAAB, W., u. L. M. SMITH: J. Dairy Sci. **39**, 1644 (1956).

Präparat (Fa. Merck Nr. 3108) relativ schwer löslich war — alle Konzentrationen über 0,023 mol besaßen einen voluminösen Niederschlag —, ist anzunehmen, daß

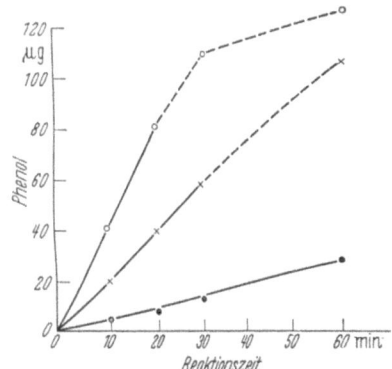

Abb. 3.
Enzymhydrolyse bei verschiedenen Temperaturen.
Substratkonzentration 0,008 mol, Reaktionszeit: 10, 20, 30 und 60 min, pH-Wert 10,0. Milch: 0,1 ml.
○——○ bei 37°C; ×——× bei 21°C; ●——● bei 1°C

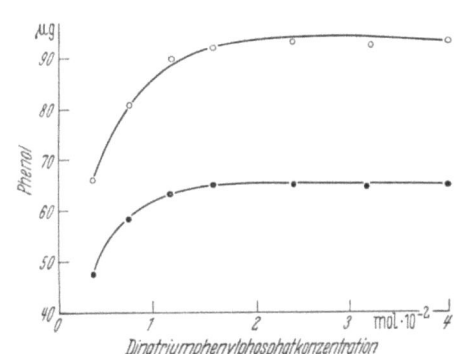

Abb. 4. *Einfluß steigender Di-Na-Phenylphosphatkonzentration auf die Aktivität der alkalischen Milchphosphatase.*
(Substratkonzentration: 0,008—0,04 mol; Reaktionszeit: 20 min; pH-Wert: 10,0; Milch 0,1 ml); ●——● Reaktion bei 20°C; ○——○ Reaktion bei 37°C

wir nur das Sättigungsoptimum der Lösung erreichten und das wahre Optimum höher liegt. Für unsere Versuche verwendeten wir weiterhin eine Substratkonzentration von 0,023 m-Di-Na-Phenylphosphat.

5. Einfluß der Reaktionszeit (Zeit-Umsatz-Kurve)

Auf Grund der untersuchten kinetischen Zusammenhänge zwischen Milchmenge, Dinatriumphenylphosphatkonzentration und Reaktionstemperatur ergeben sich für die Bestimmung der alkalischen Phosphatase in Rohmilch nach der Methode von SANDERS und SAGER folgende Reaktionsbedingungen:

Im Ansatz verwendete Milchmenge:	0,1 ml Rohmilch 1:9 verdünnt mit Wasser
Reaktionstemperatur:	20° C
Puffersystem:	2,4%ige Borsäure — 5,0%ige Bariumhydroxydlösung eingestellt auf p_H 10,10
H^+-Konzentration der Reaktionslösung:	10,0
Dinatriumphenylphosphatkonzentration:	0,0236 mol (0,6%)
Farbreagens:	0,1 ml einer 0,4%igen alkoholischen Dibromchinonchlorimidlösung

Der Verlauf der Enzymhydrolyse unter diesen Bedingungen ist in Abb. 5 wiedergegeben. Diese zeigt, daß nach 45 min Reaktionsdauer eine Hemmung der Hydrolysengeschwindigkeit eintritt. Bis zu diesem Zeitpunkt verläuft die Enzymhydrolyse jedoch proportional der Zeit, so daß innerhalb dieser Zeitspanne die Voraussetzung einer exakten Messung der Enzymaktivität gegeben ist. Da die abgespaltene Phenolmenge am Endpunkt der möglichen Reaktionszeit bereits in einem ungünstigen Meßbereich liegt — die Extinktionswerte liegen bei 1,3 —, haben wir sie auf 20 min verkürzt.

6. Genauigkeit der Methode

Die Genauigkeit der von uns abgeänderten Methode wurde nach dem Verfahren von GEBELEIN und HEITE[1] aus 20 Doppelbestimmungen von Milchanlieferungsproben nach der Beziehung:

$$s = \sqrt{\frac{(x-M)^2}{n-m}}$$

berechnet, wobei $x-M$ = Abweichung der Einzelwerte vom Mittelwert, m = Zahl der Einzelbestimmungen, n = Anzahl der Proben bedeutet.

Die Genauigkeit ergibt sich zu einer Phosphataseaktivität von $s = \pm 0{,}22$, bezogen auf den Mittelwert $= \sim 1\%$.

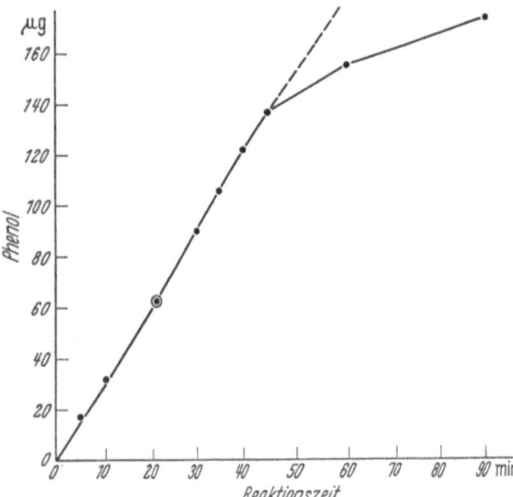

Abb. 5. *Abhängigkeit der Aktivität der alkalischen Phosphatase bei modifizierter Arbeitsweise von der Reaktionszeit*

7. Empfindlichkeit der Methode

Nach unseren Messungen für die Eichkurve[2] erfaßt die Methode eine Phenolkonzentration von 1—250 μg Phenol pro Versuchsansatz. Mischungsreihen von erhitzter, phosphatasennegativer Milch mit Rohmilch zeigten, daß in erhitzter Milch noch 0,5% Rohmilch sicher nachweisbar sind. Bei Verlängerung der Reaktionszeit von 20 auf 60 min und Erhöhung der Reaktionstemperatur von 20 auf 37° C erhöht sich der nachweisbare Rohmilchanteil von 0,5 auf 0,25%.

II. Bestimmung der sauren Phosphatase

A. Vorhandene Methoden

Die Bestimmung der sauren Phosphatase unterscheidet sich von der der alkalischen lediglich in der Wahl eines anderen Puffersystems, das den optimalen p_H-Wert für die Enzymhydrolyse einstellt. Zur Wahl standen 2 Methoden: Einmal die von MULLEN[3], aufgebaut auf der Arbeitsweise von GUTMAN und GUTMAN[4], welche die Methode von KING und ARMSTRONG[5] zur Bestimmung der alkalischen Phosphatase für die saure Phosphatase des Blutserums modifiziert haben; zum anderen die Bestimmung von HAKANSSON und SJÖSTRÖM[6], die auf der Methode von SCHARER[7] beruht und eine Modifikation der Sanders und Sagerschen Arbeitsweise darstellt. Da wir schon die alkalische Phosphatase nach der Arbeitsweise von SANDERS und SAGER[8] bestimmt haben, wählten wir die Methode von HAKANSSON und SJÖSTRÖM[6], obwohl diese mehr den Charakter einer Nachweisreaktion besitzt und erst zu einer quantitativen Bestimmungsmethode ausgearbeitet werden mußte.

---

[1] GEBELEIN, H., u. H. J. HEITE: Statistische Urteilsbildung. Berlin-Göttingen-Heidelberg: Springer 1951.
[2] Vgl. S. 125 bzw. E. MEINL: Zit. S. 110, Anm. 1.
[3] MULLEN, J. E. C.: J. Dairy Res. 17, 288 (1950).
[4] GUTMAN, A., u. A. B. GUTMAN: J. biol. Chem. 136, 201 (1940).
[5] KING, E. J., u. A. R. ARMSTRONG: Zit. S. 111, Anm. 2.
[6] HAKANSSON, E. B., u. G. SJÖSTRÖM: Zit. S. 112, Anm. 14.
[7] SCHARER, H.: Zit. S. 111, Anm. 5.
[8] SANDERS, G. P., u. O. S. SAGER: Zit. S. 111, Anm. 12.

B. Modifikation der Methode von Hakansson und Sjöström

1. Ursprüngliche Methode

HAKANSSON und SJÖSTRÖM arbeiten nach folgendem Schema:

1 ml Milch wird mit 10 ml Substratlösung versetzt und für die Dauer von 90—120 min bei 37—38° C zur Reaktion gebracht. Anschließend fällt man ohne zu erhitzen — Dinatriumphenylphosphat hydrolysiert im sauren Milieu — die Proteine mit 1 ml der Zink-Kupfersulfat-Lösung (s. Reagens 3, alkalische Phosphatase), filtriert die Lösung, versetzt 2 ml des Filtrats mit 8 ml Farbentwicklungspuffer und 4 Tropfen Dibromchinonchlorimid, läßt die Probe 30 min bei Zimmertemperatur stehen, filtriert nochmals und photometriert das klare Filtrat. Der Blindwert wird in einer Milch bestimmt, die vor der Verwendung mindestens 10 min in einem siedenden Wasserbad erhitzt wurde.

Die in dieser Form vorliegende Methode ist für exakte und reproduzierbare Bestimmungen unbefriedigend: Die Enzymreaktion wird nicht abgestoppt, die Eigenhydrolyse des Substrats kann bei der Bestimmung stören, die Lichtempfindlichkeit[1] des Enzyms ist nicht berücksichtigt worden, und die 2. Filtration erfordert unnötig viel Aufwand und Zeit. Wir haben darum den Einfluß dieser Faktoren einzeln untersucht und anschließend die optimalen Bedingungen für die Enzymhydrolyse ermittelt.

2. Inaktivierung nach Ablauf der Reaktionszeit

Die spontane Inaktivierung des Enzyms in der Substratlösung versuchten wir durch Denaturierung der Proteine — einmal durch die Zugabe von Eiweißfällungsmittel verschiedener Konzentration, zum anderen durch Erniedrigung der Wasserstoffionenkonzentration — oder durch den Zusatz spezifischer Inaktivatoren des Enzyms zu erreichen. Als Inaktivierungsmittel wurden dazu $ZnSO_4$—$CuSO_4$ (vgl. Reagens 3, alkal. Phosphatase, S. 123) in normaler, doppelter und dreifacher Konzentration; Trichloressigsäure 16—50%; und NaF wie $Na_2P_4O_7$ als gesättigte Lösung verwendet.

Die in Tab. 3 zusammengefaßten Versuchsergebnisse zeigen, daß nur durch eine Veränderung der Wasserstoffionenkonzentration eine spontane Inaktivierung erreicht wird.

Die Inaktivierung mit Trichloressigsäure ist irreversibel.

Tabelle 3. *Wirksamkeit verschiedener Hemmstoffe auf die Aktivität der sauren Phosphatase in der Substratlösung.* (Substratkonzentration: 0,005 m-Di-Na-Phenylphosphat; Puffersystem: Bernsteinsäure-Borax p_H 4,15; Reaktionszeit: 60 min; Reaktionstemperatur 37°C)

Inaktivierungs-mittel (1 ml)	Phosphataseaktivität nach Inaktivierungsmittelzugabe	
	vor	60 min nach
	Reaktionsbeginn	
	in %	in %
Vergleichsprobe(dest.Wasser)	100	100
Natriumpyrophosphat ..	95	98
Natriumfluorid......	84	94
Kupfer-Zink-Sulfat....	20—30	8—15
Trichloressigsäure...16%	30	12
Trichloressigsäure...25%	40	30
Trichloressigsäure...50%	0	12
2 ml Trichloressigsäure 50%	0	0

Nach einer Einwirkungszeit von 10 min konnte auch in den Proben, deren Filtrate neutralisiert und vor dem Zusatz des Farbentwicklungspuffers verschieden lang aufbewahrt wurden, kein Aktivitätsanstieg mehr beobachtet werden.

Da die Trichloressigsäure in der hier verwendeten Konzentration gleichzeitig im Substrat vorhandenes Eiweiß mit ausfällt, erübrigt sich eine weitere Zugabe von Eiweißfällungsmitteln. Ebenso erübrigt sich das Filtrieren der Meßlösung. Die Proben

---
[1] MULLEN, J. E. C.: Zit. S. 116, Anm. 3.

bleiben im Gegensatz zur Zink-Kupfer-Sulfatfällung nach Zusatz von Farbentwicklungspuffer und Farbreagens klar.

Durch die zur völligen Inaktivierung und Proteinausfällung notwendigen 2 ml 50%ige Trichloressigsäure erniedrigt sich die H^+-Konzentration im Versuchsansatz von 4,15 auf 0,30. Bei der Neutralisation von 3 ml Filtrat mit 1 ml n-NaOH stellt sich mit 6 ml Farbentwicklungspuffer der für die Messung günstige p_H-Bereich von 9,0—9,5 sicher ein. Für die Bestimmung der sauren Phosphatase ergibt sich demnach folgendes Bestimmungsschema:

10 ml Substratlösung + 1 ml Milch
Reaktionszeit 60 min
Zugabe von 2 ml 50 %iger Trichloressigsäure
nach 10 min Filtration
3 ml Filtrat + 1 ml n-NaOH + 6 ml Farbentwicklungspuffer + 0,1 ml Farbreagens
Farbentwicklungszeit 60 min
Messung

Der Blindwert wird mit Rohmilch ausgeführt, nur wird der Substratlösung vor der Rohmilchzugabe 2 ml 50%iger Trichloressigsäure zugefügt.

3. Einfluß der Eigenhydrolyse

Dinatriumphenylphosphat ist in saurer Lösung unbeständig und hydrolisiert in Phenol und Phosphat. Das Verhalten dieser Eigenhydrolyse mit zunehmender Konzentration des Substrats, mit der Dauer der Reaktionszeit und mit der Erhöhung der Temperatur zeigt Abb. 6. Die Reaktion verläuft proportional der Reaktionszeit und beeinträchtigt somit die Enzymhydrolyse nicht, vorausgesetzt, daß zu jeder Versuchsreihe ein Blindwert bestimmt wird.

Dieser Blindwert müßte korrekterweise mit gekochter Milch ausgeführt werden, da die Erniedrigung der Wasserstoffionenkonzentration von p_H 4,15 auf p_H 0,30 (vgl. Abb. 6) eine Verminderung der Eigenhydrolyse verursacht. Der Einfachheit halber — das Abkochen der Milch bei Versuchsreihen mit mehreren Einzelproben ist etwas umständlich — haben wir diesen geringfügigen Hydrolysenfehler vernachlässigt und unsere Blindwerte immer mit Rohmilch bestimmt, die durch den Zusatz von Trichloressigsäure zur Substratlösung vor Beginn der Reaktionszeit inaktiviert wurde.

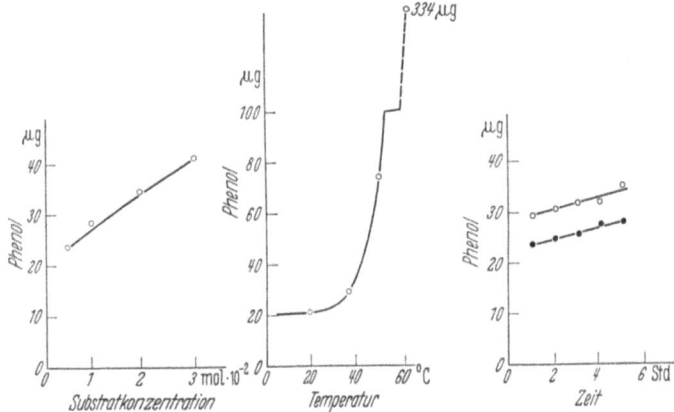

Abb. 6. *Abhängigkeit der Eigenhydrolyse von Substratkonzentration, Temperatur und Zeit* (ausgeführt mit dem auf S. 118 beschriebenen Reaktionsschema mit abgekochter bzw. inaktivierter Milch)

4. Einfluß des Lichtes auf den Reaktionsverlauf

Nach den Untersuchungen von MULLEN[1] ist die saure Milchphosphatase lichtempfindlich und verliert nach einer Sonnenbestrahlung von 60 min bis zu 50% ihrer Aktivität. Wir versuchten festzustellen, inwieweit diese Lichtempfindlichkeit den Verlauf der Enzymhydrolyse beeinflußt und bestimmten in ein und derselben Milch unter verschiedener Lichtintensität die Aktivität der sauren Phosphatase. Die Substratlösung wurde dazu in einem gläsernen Wasserbad vor dem Fenster, in der Dämmerung und in schwarz lackierten Reagensgläsern aufbewahrt. Nach den in Abb. 7 graphisch wiedergegebenen Versuchsergebnissen macht sich die verschiedene Lichtintensität auch während der Enzymhydrolyse bemerkbar. Das helle Tageslicht verringert die Reaktionsgeschwindigkeit, das diffuse Licht scheint sie zu fördern.

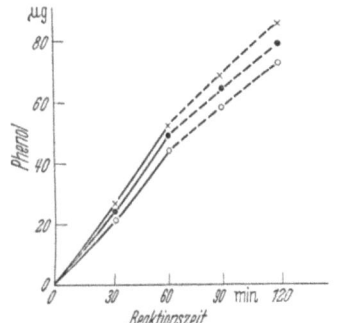

Abb. 7. *Lichteinfluß während der Enzymbestimmung*
(Reaktionszeit: 30, 60, 90 und 120 min; Reaktionstemperatur: 37° C; Substratkonz.: 0,01 mol, Puffersystem: Bernsteinsäure-Borax bei pH 4,15) ○——○ Tageslicht;
×——× diffuses Licht; ●——● Dunkelheit

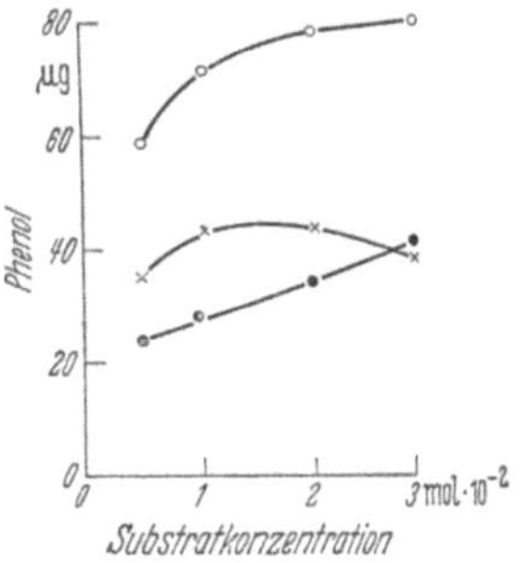

Abb. 8. *Einfluß steigender Dinatriumphenylphosphatkonzentration auf die Aktivität der sauren Phosphatase*
(Reaktionszeit: 60 min; Temperatur 37°C; pH 4,15)
×——× reine Enzymhydrolyse;
○——○ Gesamthydrolyse; ●——● Eigenhydrolyse

Um diesen, wenn auch minimalen Lichteinfluß auszuschalten, haben wir die Enzymreaktion immer am gleichen Ort des Raumes, unter möglichst konstanten, leicht abgedunkelten Lichtverhältnissen durchgeführt.

5. Ermittlung einer optimalen Substratkonzentration

Abb. 8 gibt den Verlauf der Enzymhydrolyse bei steigender Dinatriumphenylphosphatkonzentration wieder. Demnach nimmt die reine Enzymhydrolyse bis zu einer Konzentration von 0,015 mol zu, die Gesamthydrolyse steigt jedoch wegen der erhöhten Eigenhydrolyse weiter an. Da letztere nahe dem Optimum stärker zunimmt als die eigentliche Enzymhydrolyse, schien uns ein Arbeiten im Substratoptimum ungünstig. Wir wählten die Konzentration von 0,01 mol. Hier ist im Gegensatz zu der von HAKANSSON und SJÖSTRÖM[2] sowie von MULLEN[1] verwendeten Substratkonzentration von 0,004 bzw. 0,005 mol die optimale Enzymreaktion fast erreicht, die Eigenhydrolyse jedoch nicht zu stark überhöht.

6. Wahl einer günstigen Reaktionstemperatur

Wie aus Abb. 9 hervorgeht, erweist sich das Enzym als relativ thermostabil. Bis zu einer Temperatur von 50° C ist ein Ansteigen der Aktivität zu beobachten, was sich mit den Untersuchungen von MULLEN[1] deckt. Mit der Temperatur steigt

---
[1] MULLEN, J. E. C.: Zit. S. 116, Anm. 3.
[2] HAKANSSON, E. B., u. G. SJÖSTRÖM: Zit. S. 112, Anm. 14.

aber auch die Eigenhydrolyse (vgl. Abb. 6), und zwar bei höheren Temperaturen sprunghaft, wodurch bei Reaktionstemperaturen über 40° C neben untragbar hohen Blindwerten leicht Substratmangel eintreten kann. Deshalb wählten wir für unsere Versuche eine Reaktionstemperatur von 37° C. Hier ist die Enzymaktivität bereits relativ stark, die Eigenhydrolyse — wie aus Tab. 4 zu entnehmen — aber noch niedrig.

Für vergleichende Untersuchungen mit der alkalischen und sauren Phosphatase arbeiteten wir bei einer Reaktionstemperatur von 20° C. Die Eigenhydrolyse fällt zwar bei dieser Temperatur weniger ins Gewicht, die Enzymaktivität ist jedoch auch entsprechend geringer.

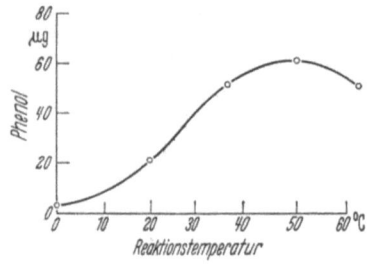

Abb. 9. *Einfluß steigender Reaktionstemperatur auf die Aktivität der sauren Phosphatase* (Reaktionszeit: 60 min, p_H-Wert 4,15; Substratkonzentration: 0,01 mol)

7. *Wahl eines geeigneten Puffersystems*

Unsere eigenen Versuche bestätigten die Untersuchungen von MULLEN und HAKANSSON und SJÖSTRÖM: Das Enzym besitzt sein Aktivitätsoptimum in dem p_H-Bereich von 4,1—4,2. Dieses Optimum ist von der Art des verwendeten Puffersystems unabhängig, die Enzymaktivität dagegen wird beeinflußt. Nach den in Abb. 10 dargestellten Versuchsergebnissen wäre der Veronal-Acetatpuffer für eine optimale Enzymhydrolyse am besten geeignet. Sein Pufferungsvermögen im p_H-Optimum des Enzyms ist aber bereits stark abgeschwächt — der p_H-Wert von 4,1 in der Reaktionslösung erfordert eine Einstellung des Puffers auf den p_H-Wert

Tabelle 4. *Enzym- und Eigenhydrolyse bei den Reaktionstemperaturen von 37° C und 20° C* (Substratkonzentration: 0,01 Mol; p_H-Wert: 4,15)

Reaktion	°C	Extinktion von Na-Indophenol nach der Reaktionszeit von			
		30 min	60 min	90 min	120 min
Enzymhydrolyse	37° C	0,126	0,251	0,334	0,427
Eigenhydrolyse		0,137	0,143	0,159	0,166
Enzymhydrolyse	20° C	0,052	0,103	0,143	0,186
Eigenhydrolyse		0,105	0,103	0,107	0,111

von 3,2—, so daß Schwankungen der Wasserstoffionenkonzentration in Milchproben (z. B. leicht ansaure Milch) Pufferkorrekturen verlangen würden.

In den Puffersystemen Milchsäure-Natriumlactat und Bernsteinsäure-Borax ist die Enzymaktivität zwar etwas schwächer, das Pufferungsvermögen jedoch weitaus besser. Mit dem für Phosphatasebestimmungen üblichen Bernsteinsäure-Boraxpuffer kann der für die Enzymhydrolyse optimale p_H-Bereich sicher eingestellt werden. Noch günstiger ist der Milchsäure-Natriumlactat-Puffer. Hier fällt die optimale Pufferkapazität in den Bereich des p_H-Optimums: Der Puffer besitzt bei dem p_H-Wert von 3,8 seine maximale Pufferwirkung. Durch den Zusatz von Milch und Substrat zur Pufferlösung stellt sich ein p_H-Wert von 4,1 ein, womit das p_H-Optimum der Enzymhydrolyse erreicht ist.

Wie in Abb. 11 wiedergegeben, ist dieses p_H-Optimum temperaturabhängig. Bei der Reaktionstemperatur von 37° C ist die maximale Enzymhydrolyse bereits bei einem p_H-Wert von 4,15 bei 20° C jedoch erst bei 4,35 erreicht. Dieselben Beobachtungen wurden beim Veronal-Acetat-Puffer gemacht. Im Bernsteinsäure-Borax-System dagegen hatte die Temperatur keinen Einfluß.

Da der Milchsäure-Natriumlactat-Puffer die Möglichkeit bietet, die Enzymhydrolyse im arteigenen Milieu der Milch durchzuführen — eine Beeinflussung des

Enzyms durch Zusatz fremder Stoffe wird damit ausgeschlossen —, entschieden wir uns trotz der Temperaturabhängigkeit des Systems für diesen Puffer.

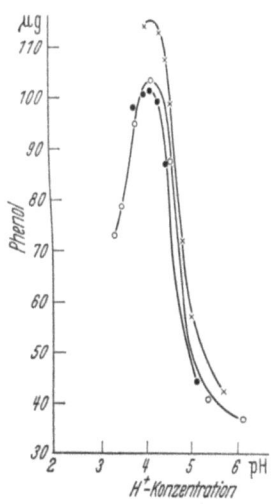

Abb. 10. *Aktivität der sauren Phosphatase in verschiedenen Puffersystemen* (Reaktionstemperatur: 37° C; Substratkonzentration: 0,01 Mol; Reaktionszeit: 90 min)
O—O Milchsäure-Natriumlactat-Puffer nach MICHAELIS;
×——× Veronal-Acetatpuffer nach MICHAELIS;
●——● Bernsteinsäure-Boraxpuffer nach KOLTHOFF

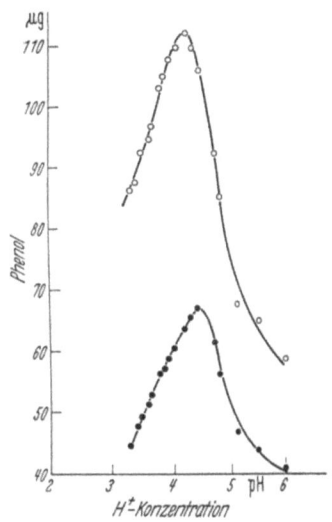

Abb. 11.
p_H-*Optimum der sauren Milchphosphatase im Milchsäure-Natriumlactat-Puffer bei verschiedenen Reaktionstemperaturen* [Substratkonzentration: 0,01 m; Reaktionszeit: 90 min (37°C) und 120 min (20°C)] ●——● Reaktion bei 20°C; O——O Reaktion bei 37°C

8. p_H-Wirkungsbereich der sauren Phosphatase

Den p_H-Wirkungsbereich der sauren Phosphatase belegt Abb. 12.

Die Rohmilchprobe enthielt sowohl saure wie auch alkalische Phosphatase. In der pasteurisierten Milch war die Aktivität der alkalischen Phosphatase nicht mehr nachweisbar, die der sauren nur geschwächt. Der fast parallele Aktivitätsverlauf innerhalb des p_H-Bereiches von 3—5 in beiden Milchproben zeigt deutlich, daß im optimalen Wirkungsbereich der sauren Phosphatase keine Aktivität an alkalischer Phosphatase vorliegt. Diese beginnt erst — wie der nun nicht parallele Aktivitätsverlauf in beiden Milchproben zeigt — innerhalb des p_H-Bereichs von 5—6 wirksam zu werden und nimmt dann allerdings stark zu. Gleichzeitig nimmt die Aktivität der sauren Phosphatase immer mehr ab. Demnach hat die saure Phosphatase bei einem p_H-Wert von 6—7 die untere Grenze und die alkalische Phosphatase die obere Grenze ihres jeweiligen Wirkungsbereichs erreicht, und die Aktivität beider Enzyme

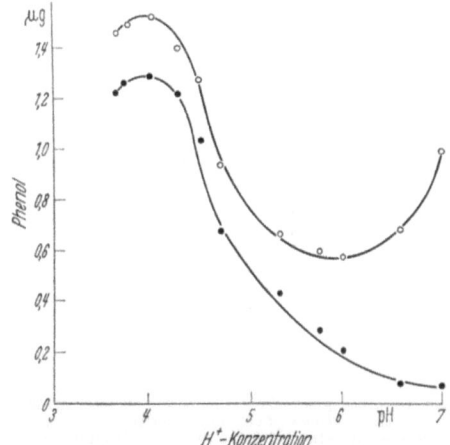

Abb. 12. *Verlauf der Enzymaktivität der sauren Phosphatase innerhalb des p_H-Bereiches von 3—7 in roher und schonend pasteurisierter Milch* (30 min bei 62°C) (Reaktionszeit: 60 min; Reaktionstemperatur: 37° C; Dinatriumphenylphosphatkonzentration: 0,01 Mol; Puffersystem: Bernsteinsäure-Borax) O——O Aktivität in Rohmilch;
●——● Aktivität in pasteurisierter Milch

kann sich bei der Bestimmung im entsprechenden p_H-Aktivitätsoptimum *nicht* überlagern.

Trotz wiederholter Versuche in Einzel- und Mischmilchproben war es uns nicht möglich, die von JAQUET und SAINGT[1] beobachtete saure Phosphatase mit einem p_H-Optimum von 5,5—5,8 nachzuweisen. Damit bestätigt sich die Vermutung dieser Autoren, daß diese zweite saure Phosphatase kein konstanter Bestandteil der Milch ist. Wahrscheinlich wird sie durch besondere Umstände von der Mammadrüse — das Aktivitätsoptimum der sauren Phosphatase dieses Gewebes liegt ebenfalls in dem p_H-Bereich von 5,5—5,8 — ab und zu an die Milch abgegeben.

9. Wahl der Reaktionszeit

Auf Grund der in den vorangegangenen Versuchen ermittelten Reaktionsverhältnisse und der kinetischen Zusammenhänge zwischen Dinatriumphenylphosphatkonzentration, Reaktionstemperatur und p_H-Wert-Optimum des Enzyms wählten wir für das auf S. 118 beschriebene Untersuchungsschema folgende Reaktionsbedingungen:

Dinatriumphenylphosphatkonzentration:	0,01 m Dinatriumphenylphosphat
Reaktionstemperatur:	37 bzw. 20° C
Puffersystem:	0,1 n-Milchsäure — 0,1 n-Natriumlactat
Wasserstoffionenkonzentration der Pufferlösung:	p_H-Wert = 3,83 für Reaktion bei 37° C
	p_H-Wert = 3,95 für Reaktion bei 20° C
Wasserstoffionenkonzentration im Reaktionsgemisch:	p_H-Wert = 4,15 bzw. 4,35

Für diese Reaktionsbedingungen und die Verwendung von 1 ml Milch im Versuchsansatz ergeben sich die Zeit-Umsatz-Kurven, die — wie aus Abb. 13 ersichtlich — bei 20 und 37° C bis zu einer Reaktionsdauer von 90 min proportional der

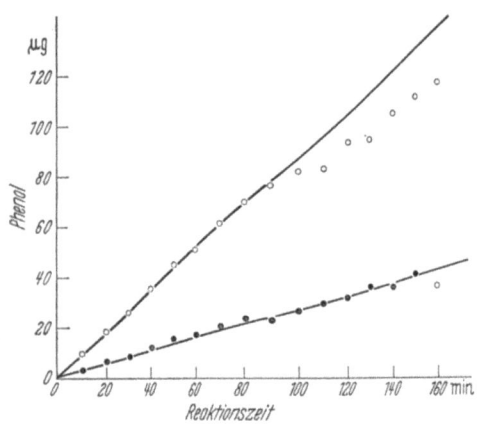
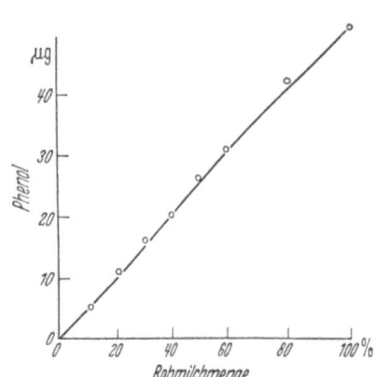

Abb. 13. *Abhängigkeit der Aktivität der sauren Phosphatase von der Reaktionszeit bei modifizierter Arbeitsweise.*
●——● Reaktion bei 20°C; ○——○ Reaktion bei 37°C

Abb. 14.
Einfluß der Verdünnung von Roh- mit erhitzter Milch auf die Aktivität der sauren Phosphatase

Zeit verlaufen. Damit kann das Enzym bis zu einer Reaktionszeit von 90 min exakt bestimmt werden. Wir verkürzten diese Reaktionszeit jedoch auf 60 min, weil hier bereits gut meßbare Phenolmengen vorliegen.

---
[1] JAQUET, J., u. O. SAINGT: C. R. Soc. Biol. (Paris) **146**, 1515 (1952).

10. Einfluß der Milchmenge

Zur Überprüfung der Proportionalität von zugesetzter Rohmilchmenge und Enzymaktivität stellten wir wie bei der Bestimmung der alkalischen Phosphatase Verdünnungsreihen mit erhitzter Milch her.

Nach Abb. 14 verhält sich auch bei der sauren Phosphatase die Enzymaktivität proportional der zugesetzten Rohmilchmenge. Damit ist wiederum die Möglichkeit gegeben, das Enzym in solchen Proben, die erhitzte neben roher Milch enthalten, exakt zu erfassen.

11. Genauigkeit der Methode

Wie bei der alkalischen Phosphatase ermittelten wir die Genauigkeit der von uns modifizierten Methode nach dem Verfahren von GEBELEIN und HEITE[1] an Hand von 20 Sammelmilchproben (vgl. S. 116). Die Genauigkeit liegt bei einer Aktivität an saurer Phosphatase von $s = \pm 0,024$, bezogen auf den Mittelwert aller Bestimmungen: 2,5 %. Mit der Methode können noch 2 μg Phenol sicher erfaßt werden. Mischungsreihen von abgekochter, phosphatasenegativer Milch mit Rohmilch ergaben, daß sich noch 2 % Rohmilch in gekochter Milch nachweisen lassen.

III. Arbeitsweisen der modifizierten Methoden

A. Bestimmung der alkalischen Phosphatase in Rohmilch
(angewandte Methode)

1. Reagentien

Reagens 1:

Substratpuffer: $Ba(OH)_2$— H_3BO_3-Puffer, eingestellt auf p_H 10,10.
Herstellung: 25,0 g $BaOH_2 + 8\ H_2O$ und 12,0 g H_3BO_3 werden in je 500 ml dest. Wasser gelöst, auf 50° C erhitzt, zusammengeschüttet, abgekühlt, kalt filtriert und bei Zimmertemperatur aufbewahrt. Vor jeder Bestimmung wird der p_H-Wert kontrolliert und durch tropfenweise Zugabe von H_3BO_3- bzw. $Ba(OH)_2$-Lösung obiger Konzentration korrigiert und wenn notwendig nochmals filtriert.

Reagens 2:

Substratlösung: 0,0236 m Di-Natriumphenylphosphat werden im Substratpuffer vor Beginn der Reaktion gelöst.
Herstellung: 0,6 g $C_6H_5 \cdot O \cdot PO(ONa)_2 + 2\ H_2O$ werden mit dem Substratpuffer zu 100 ml aufgefüllt.

Reagens 3:

Eiweißfällungsmittel: Wäßrige Lösung von $ZnSO_4$—$CuSO_4$.
Herstellung: 3,0 g $ZnSO_4 \cdot 7\ H_2O$ und 0,6 g $CuSO_4 \cdot 5\ H_2O$ mit Wasser zu 100 ml aufgefüllt, verschlossen und bei Zimmertemperatur aufbewahrt.

Reagens 4:

Farbentwicklungspuffer: $NaBO_2$—NaCl-Puffer vom p_H-Wert 9,8.
Herstellung: 12,57 g $NaBO_2 \cdot 4\ H_2O$ und 20,0 g NaCl p. a. und 15 ml n-HCl werden mit dest. Wasser zu 1 l gelöst und bei Zimmertemperatur aufbewahrt.

Reagens 4a:

Farbverdünnungspuffer: 100 ml des Farbentwicklungspuffers werden mit dest. Wasser zu 1 l aufgefüllt.

Reagens 5:

Farbreagenslösung: 0,4%ige alkoholische Dibromchinonchlorimidlösung.
Herstellung: 0,1 g 2,6-Dibrombenzochinon-1,4-chlorimid-4 werden in 25 ml Alkohol absol. gelöst. Diese Lösung ist nur im Eisschrank begrenzt haltbar und muß eine hellgelbe Farbe besitzen.

---

[1] GEBELEIN, H., u. H. J. HEITE: Zit. S. 116, Anm. 1.

Reagens 6:
Phenollösungen: 1,00 g Phenol wird zu 1 l Wasser gelöst und entsprechend verdünnt.

Reagens 7:
Heizlösung: $CaCl_2$, technisch, wasserfrei (in dest. Wasser wurde soviel $CaCl_2$ gelöst, daß die Lösung einen Siedepunkt von 120° C erreicht).

2. Arbeitsweise

a) Hauptprobe:

1. In ein verschließbares Reagensglas werden 10 ml Substratlösung (Reagens 2) pipettiert und das Reagensglas in ein Wasserbad mit Thermostat — eingestellt auf die Reaktionstemperatur von 20° C — gebracht. Zu dieser Substratlösung fügt man 1 ml der 1:9 mit Wasser verdünnten Milch, verschließt das Glas, schüttelt gut durch und läßt es für genau 20 min im Wasserbad stehen. Im Reaktionsgemisch muß sich der p_H-Wert von 10,0—10,05 eingestellt haben.

2. Genau 20 min nach der Milchzugabe wird das offene Reagensglas für 40 sec in eine siedende $CaCl_2$-Lösung vom Sdp. 120°C (Reagens 7) gehalten. Innerhalb dieser Zeit stellt sich im Reaktionsgemisch die Temperatur von 85°C ein, die zur völligen Inaktivierung des Enzyms ausreicht. Die inaktivierte Probe kommt zum Abkühlen in ein kaltes Wasserbad.

3. Zu der abgekühlten Probe pipettiert man 1 ml des Eiweißfällungsmittels (Reagens 3), schüttelt mehrfach durch, läßt den Niederschlag absetzen, filtriert nach etwa 10 min durch ein Faltenfilter (Schleicher u. Schüll 605 eh) und sammelt das Filtrat.

4. 5 ml des Filtrats werden mit 5 ml Farbentwicklungspuffer (Reagens 4) versetzt und anschließend mittels einer Feinburette 0,1 ml der Farbreagenslösung (Reagens 5) zugegeben. In der Lösung soll sich ein p_H-Wert von 9,5—9,6 einstellen. Die Probe wird verschlossen, gut durchgemischt und zur vollständigen Farbentwicklung in einem Wasserbad von 37°C 60 min lang aufbewahrt. Anschließend läßt man die Proben auf Zimmertemperatur abkühlen.

5. Die erkalteten Proben werden direkt gegen Wasser photometriert. Als Filter verwendet man ein Interferenzfilter, dessen maximale Durchlässigkeit bei 620 mμ liegt. Gemessen wird in Plancuvetten von der Schichtdicke 10 mm. (Im speziellen Falle des Elco II als Meßgerät ist das Filter J 62/51 am besten zur Messung geeignet) [Max. Durchlässigkeit = 620 mμ].

b) Blindprobe:

Zu jeder Versuchsreihe wird ein Blindversuch durchgeführt. Hierbei werden Nebenreaktionen, die das Gibbsche Reagens mit Aminosäuren eingeht oder freie Phenolmengen der Reagentien erfaßt. 10 ml Substratlösung werden in ein verschließbares Reagensglas pipettiert und das Glas für die Dauer der normalen Reaktionszeit in ein Wasserbad gebracht, das die gewünschte Reaktionstemperatur besitzt. Nach Ablauf der üblichen Reaktionszeit (20 min) wird die Probe in der siedenden $CaCl_2$-Lösung auf 85°C erhitzt und der erhitzten Substratlösung vorsichtig 1 ml Milchlösung zugegeben, wobei öfters geschüttelt werden muß, damit keine Flüssigkeit aus dem Reagensglas spritzen kann. Anschließend wird abgekühlt und die Probe (ab Absatz 3) genau wie die Hauptprobe behandelt. Die Extinktion des Blindwertes wird von der des Hauptwertes abgezogen.

c) Verdünnungen:

Werden bei der Messung (ohne Blindwertabzug) Extinktionswerte von über 1,0 gefunden, reicht der unter 4. zugesetzte Farbstoff nicht aus, um das gesamte bei der Hydrolyse frei gewordene Phenol in Indophenol umzusetzen. Auch ist bei diesen hohen Extinktionen die Empfindlichkeitsgrenze des Meßgerätes überschritten, und die Messungen werden ungenau. Deshalb müssen von solchen Proben Verdünnungsreihen angesetzt werden.

Ausführung:

1 ml der gemessenen Farblösung wird mit 9 ml Farbverdünnungspuffer (Reagens 4a) versetzt, nochmals 0,1 ml der Farbreagenslösung zugegeben, geschüttelt und für eine weitere Std zur Farbentwicklung in ein Wasserbad (mit Thermostat) von 37°C gestellt und wie üblich gemessen. Auch die Blindprobe wird so behandelt und ihre Extinktion von der der verdünnten Probe subtrahiert. Die Extinktion der reinen Enzymaktivität wird dann mit 10 multipliziert und wie eine Normalprobe weiter berechnet.

Kontrollmessung der p_H-Werte:

Zu jedem Versuchsansatz wird in einem kleinen Becherglas eine Parallelprobe angesetzt, die zur Kontrollbestimmung der p_H-Werte dient. Die Messung erfolgt in der Substratlösung (p_H 10,1); im Reaktionsgemisch (Milch + Substratlösung p_H 10,0) und in der Meßlösung (Filtrat + Farbentwicklungspuffer + Farbreagenslösung, p_H 9,5).

3. Umrechnung der Meßergebnisse
a) Eichkurve:

Die Eichkurve und der daraus resultierende Faktor für die Umrechnung der Meßwerte in μg Phenol wird mit Hilfe von Phenolstandards ermittelt.

Herstellung der Phenolstandards: 1,0 g Phenol (Reagens 6) werden zu 1 l Wasser gelöst und diese Stammlösung derart verdünnt, daß je 1 ml der verdünnten Lösungen 1, 2, 5, 10, 20, 100 ... 250 μg Phenol enthält.

Ausführung der Bestimmung für die Eichkurve: Etwa 20 ml Rohmilch werden zur Inaktivierung der alkalischen Phosphatase auf 85°C erhitzt, abgekühlt und in der üblichen Weise verdünnt. 1 ml dieser phosphatasefreien Milchlösung versetzt man mit 9 ml Substratlösung (Reagens 2) und setzt dann anstelle der Rohmilch 1 ml des entsprechenden Phenolstandards zu. Dieses Gemisch wird dann nach der üblichen Arbeitsweise wie eine normale Probe weiterbehandelt. Die Blindprobe enthält statt der Phenolstandarde 1 ml dest. Wasser.

Die vom Blindwert abgezogenen Extinktionen entsprechen der zugesetzten Phenolmenge im Versuchsansatz, so daß sich eine Umrechnung der Extinktion auf das Volumen der Ausgangslösung erübrigt.

Der Umrechnungsfaktor der Meßwerte in μg Phenol ergibt sich aus dem ctg α der Eichkurve, der sich zu

$$F = \text{ctg}\,\alpha = \frac{\mu\text{g Phenol im Versuchsansatz}}{\text{Extinktion}} = 107{,}8 \text{ errechnete}^1.$$

Im Versuchsansatz gemessene μg Phenol = *Extinktion* · 107,8.

b) Umrechnung in Phosphataseaktivität:

Die Phosphataseaktivität wird ausgedrückt in freigesetzten μg Phenol und bezieht sich auf die Menge von 1 ml Rohmilch und die Reaktionsdauer von 1 min bei konstanter Substratkonzentration und konstanter Temperatur.

Für die Aktivität der alkalischen Phosphatase ergibt sich demnach bei der Verwendung von 0,1 ml Rohmilch im Versuchsansatz, dem Faktor der Eichkurve von 107,8 und der Reaktionszeit von 20 min ein Umrechnungsfaktor von:

$$\text{Phosphataseaktivität} = \frac{\text{Extinktion} \cdot 107{,}8 \cdot 10}{20}$$

$$= \textit{Extinktion} \cdot 53{,}9$$

B. Bestimmung der sauren Phosphatase
(angewandte Methode)

1. Reagentien[1]

Reagens 1:

Substratpuffer: 0,1 n-Milchsäure — 0,1 n-Na-Lactatpuffer nach MICHAELIS. Für Untersuchungen bei 20°C wird er auf den p_H-Wert von 3,95, für Untersuchungen bei 37°C auf den p_H-Wert von 3,83 eingestellt. Der Puffer ist nicht lange haltbar und muß täglich frisch bereitet werden.

Reagens 2:

Substratlösung: 0,01 m-Dinatriumphenylphosphat ($= 0{,}2541$ g $C_6H_5 \cdot O \cdot PO(ONa)_2 + 2\,H_2O$ ad 100 ml) werden kurz vor Beginn der Reaktion im Substratpuffer gelöst.

Reagens 3:

Eiweißfällungsmittel: 50%ige Trichloressigsäure, gelöst in dest. Wasser.

Reagens 4:

Farbentwicklungspuffer: a) $NaBO_2$-NaCl Puffer vom p_H-Wert 10,2.
Herstellung: 25,14 g $NaBO_2 \cdot 4\,H_2O$ und 40,0 g NaCl werden zu 1 l Wasser gelöst; b) n-NaOH.

Reagens 5:

Farbreagenslösung: 0,4%ige, alkoholische Dibromchinonchlorimidlösung.
Herstellung: Vgl. alkalische Phosphatase S. 123.

---

[1] Die einzelnen, für die Erstellung der Eichkurve notwendigen Bestimmungen vgl. E. MEINL: Zit. S. 110, Anm. 1; daselbst S. 70.

2. Arbeitsweise

a) Hauptprobe:

1. In ein verschließbares Reagensglas werden 10 ml Substratlösung (Reagens 2) pipettiert und das Reagensglas in ein Wasserbad mit Thermostat — eingestellt auf die gewünschte Reaktionszeit von 20 bzw. 37° C — gebracht. Zu dieser Substratlösung fügt man 1 ml Rohmilch, verschließt das Reagensglas, schüttelt gut durch und läßt es unter mehrmaligem Schütteln genau 60 min im Wasserbad stehen. In der Reaktionsflüssigkeit muß sich je nach p_H-Wert-Einstellung des Substratpuffers auf die gewünschte Reaktionstemperatur für die Reaktion bei 20° C der p_H-Wert von 4,35 und für eine Reaktion von 37° C der p_H-Wert von 4,15 eingestellt haben.

2. u. 3. Genau 60 min nach der Milchzugabe pipettiert man 2 ml des Eiweißfällungsmittels (Reagens 3), schüttelt mehrmals durch, läßt den Niederschlag absetzen, filtriert nach frühestens 10 min durch ein Faltenfilter (Schleicher und Schüll 605 eh, 12,5 ⌀) und sammelt das Filtrat.

Bei Versuchsansätzen mit der Reaktionstemperatur von 37° C empfiehlt es sich, die Proben während der Proteinausflockung in ein kaltes Wasserbad zu stellen, daß sich die Reaktionslösung schneller abkühlt.

4. Zu 1 ml n-NaOH (Reagens 4b) pipettiert man 6 ml des Farbentwicklungspuffers (Reagens 4a), fügt 3 ml des Filtrats und 0,1 ml (nach Möglichkeit mittels einer Feinburette) der Farbreagenslösung hinzu (Reagens 5). In der Lösung soll sich ein p_H-Wert von 9,3—9,4 einstellen. Die Probe wird verschlossen, gut durchgemischt und zur vollständigen Farbentwicklung in einem Wasserbad von 37° C 60 min lang aufbewahrt. Anschließend läßt man die Proben auf Zimmertemperatur abkühlen und mißt den entstandenen Farbstoff.

5. Die erkalteten Proben werden genau wie bei der Bestimmung für die alkalische Phosphatase photometriert (vgl. S. 124).

b) Blindprobe:

Die Blindprobe wird genau wie die Hauptprobe ausgeführt, nur wird die Substratlösung vor der Milchzugabe mit 2 ml Eiweißfällungsmittel versetzt.

c) Kontrollmessung der p_H-Werte:

Zu jeder Versuchsreihe wird in einem kleinen Becherglas eine Parallelprobe ausgeführt, in der die einzelnen p_H-Werte überprüft werden. Die erste Messung erfolgt in der Substratlösung und soll für Bestimmungen bei einer Reaktionstemperatur von 20° C einen p_H-Wert von 4,10, für die Bestimmungen bei einer Reaktionstemperatur von 37° C einen p_H-Wert von 4,0 besitzen. Anschließend wird 1 ml Milch zugegeben, wodurch sich ein p_H-Wert von 4,35 bzw. 4,15 einstellen soll. Die Meßlösung soll einen p_H-Wert von 9,3 erreichen. Stellen sich diese p_H-Werte nicht ein, müssen Substrat- und Farbentwicklungspuffer entsprechend verändert werden.

3. Umrechnung der Meßergebnisse

a) Faktor der Eichkurve:

Da sich die in der Eichkurve gemessenen Extinktionen auf die Phenolkonzentration des Versuchsansatzes beziehen, muß für die saure Phosphatase eine eigene Eichkurve ermittelt werden. Sie wird wie für die Bestimmung der alkalischen Phosphatase mit Hilfe von Phenolstandards ausgeführt.

Ausführung der Bestimmung für die Eichkurve: Als Phenolstandards dienen dieselben wie für die Bestimmung der alkalischen Phosphatase. Die verwendete Rohmilch muß wegen der größeren Thermostabilität des Enzyms zur Inaktivierung 10 min lang in ein siedendes Wasserbad eingebracht werden. 1 ml dieser Milch werden dann zu 9 ml Substratlösung (Reagens 2) gegeben, mit je 1 ml der entsprechenden Phenolstandards versetzt und nach der üblichen Arbeitsweise wie eine normale Probe weiterbehandelt.

Der Faktor der Eichkurve errechnet sich zu[1]:

$$F = \operatorname{ctg}\alpha = \frac{\mu g \text{ Phenol im Versuchsansatz}}{\text{Extinktion}} = 203$$

b) Umrechnung in Phosphataseaktivität:

Die Umrechnung der Meßwerte in Phosphataseaktivität ergibt sich für die saure Phosphatase bei der Verwendung von 1 ml Milch im Versuchsansatz, dem Faktor der Eichkurve von 203 und der Reaktionszeit von 60 min zu:

$$\text{Phosphataseaktivität} = \frac{\text{Extinktion} \cdot 203 \cdot 1}{60} = \textit{Extinktion} \cdot 3{,}38 \, .$$

---

[1] Die einzelnen, für die Erstellung der Eichkurve notwendigen Bestimmungen vgl. E. MEINL: Zit. S. 110, Anm. 1; daselbst S. 56.

Zusammenfassung

An Hand der Phosphataseteste von SANDERS und SAGER wurde eine quantitative Bestimmungsmethode zur Erfassung der Aktivität von alkalischer und saurer Phosphatase in Rohmilch entwickelt und die Kinetik der beiden Enzyme untersucht.

Zur Kenntnis der Milchphosphatasen

II. Mitteilung

Verhalten der sauren Phosphatase neben der alkalischen in Kuhmilch

Von

FRIEDRICH KIERMEIER und ELFIE MEINL[*]

Mitteilung aus dem Milchwirtschaftlichen Institut der Technischen Hochschule München in Weihenstephan

Mit 5 Textabbildungen

(Eingegangen am 22. November 1960)

Die Milch ist eine jener Organflüssigkeiten, in der mehrere Phosphatasesysteme vorliegen. So konnte GIRI[1] in der Frauenmilch eine alkalische und eine saure und VITTU[2] sogar zwei saure Phosphatasen nachweisen. In der Kuhmilch war lange Zeit nur die Anwesenheit einer alkalischen Phosphatase bekannt. Sie erlangte allerdings wegen ihrer Hitzeempfindlichkeit — Temperaturen von 63° C zerstören das Enzym in der Milch innerhalb 30 min und Temperaturen von 73° C innerhalb

---

[*] Die Arbeit stellt einen Auszug aus der Dissertation von E. MEINL dar: Über Vorkommen und Eigenschaften der Phosphatasen in Kuhmilch, Techn. Hochschule München 1960.
[1] GIRI, K. V.: Hoppe-Seylers Z. physiol. Chem. **243**, 57 (1936).
[2] VITTU, C.: C. R. Soc. Biol. (Paris) **140**, 225 (1946).

von 15 sec[1,2] — bald technische Bedeutung und ist als Nachweisreaktion für ausreichende Dauer- und Kurzzeiterhitzung in der Milchwirtschaft ein Begriff geworden.

Von der Anwesenheit einer sauren Phosphatase in Kuhmilch berichtet erstmals SJÖSTRÖM[3]. Obzwar HUGGINS und TALALAY[4] in der Milch später ebenfalls eine Enzymaktivität im sauren pH-Bereich beobachteten, wurde ihre Anwesenheit immer wieder angezweifelt[5,6]. Erst die Arbeiten von MULLEN[7] und in der Folge die von HAKANSSON und SJÖSTRÖM[8] belegen die Existenz dieses Enzyms in der Milch. Ihre Konzentration ist allerdings um ein Vierzigstel niedriger als die der gut bekannten alkalischen Phosphatase.

Im Rahmen dieser Arbeit haben wir nun versucht, das Verhalten dieser sauren Phosphatase in Milch zu beobachten und die Eigenschaften herauszustellen, durch die sie sich von der alkalischen Phosphatase in charakteristischer Weise unterscheidet. In einer späteren Mitteilung werden wir noch von Untersuchungen über Regenerationserscheinungen der alkalischen Phosphatase in Milch, die auf Temperaturen bis zu 100° C erhitzt wurde, berichten.

I. Vorkommen in der Milch

1. Verteilung der alkalischen Phosphatase auf einzelne Milchbestandteile

Nach Untersuchungen von MORTON[9] befindet sich die alkalische Phosphatase in der Membran der Fettkügelchen. 50—60% des gesamten Enzyms verteilen sich auf die fettfreie Phase der Membran, wo es an den Lipoproteinkomplex gebunden ist, der Rest liegt in der Fettphase, wo er mittels eines noch unbekannten Adsorptionsmechanismus an der Membran haftet. Demzufolge finden sich bei der Entrahmung von Vollmilch bis zu 60% der alkalischen Phosphatase in der Magermilch, die übrigen 40% bleiben im Rahm zurück[10]. Beim Laben von Vollmilch verteilt sich die Aktivität zu fast gleichen Teilen auf Labmolke und Labcasein, der im Casein zurückbleibende Anteil beträgt jedoch nur 8—15%, da beim Laben von Vollmilch praktisch das gesamte Milchfett vom Labcasein eingeschlossen wird[11]. Ähnlich verhält sich die Xanthindehydrase[12], von der man annimmt, daß sie mit der alkalischen Phosphatase an ein und demselben Lipoproteinkomplex gebunden ist[13].

2. Verteilung der sauren Phosphatase auf einzelne Milchbestandteile

Nach dem Verhalten der sauren Phosphatase beim Entrahmen von Vollmilch ist dieses Enzym nicht an die Fettkügelchenmembran gebunden. Wie eine Versuchsreihe mit 5 Einzelbilanzen, ausgeführt zu verschiedenen Zeitpunkten und mit Milch verschiedener Enzymaktivität und Herkunft ergab, gehen 87% der in Vollmilch vorhandenen Enzymaktivität in die Magermilch und 11% in den Rahm über (Tab. 1).

---

[1] FAXHOLM, H.: Milchwiss. **4**, 16 (1949).
[2] KAY, H. D., and W. R. GRAHAM: J. Dairy Res. **6**, 191 (1935).
[3] SJÖSTRÖM, G.: Svenska Meijeritidn. **36**, 119 (1944).
[4] HUGGINS, C., and P. TALALAY: J. biol. Chem. **159**, 399 (1945).
[5] JANECKE, H.: Dtsch. Lebensmitt.-Rdsch. **46**, 202 (1950).
[6] KANNAN, A., and K. P. BASU: Indian. J. Dairy Sci. **2**, 51 (1949).
[7] MULLEN, J. E. C.: J. Dairy Res. **17**, 288 (1950).
[8] HAKANSSON, E. B., u. G. SJÖSTRÖM: Svenska Meijeritidn. **44**, 15 (1952).
[9] MORTON, R. K.: Biochem. J. **55**, 786 (1953).
[10] MORTON, R. K.: Biochem. J. **55**, 795 (1953).
[11] KIERMEIER, F., u. E. MEINL: Intern. Milchw. Kongr. **3**, 1716 (1959).
[12] KIERMEIER, F., u. K. VOGT: Diese Z. **104**, 169 (1956).
[13] ZITTLE, C. A., E. S. DELLAMONICA, H. J. CUSTER and R. K. RUDD: J. Dairy Sci. **39**, 528 (1956).

Diese Verteilung konnte in 4 Fällen nach dem Verfahren von LODE[1] statistisch gesichert werden. Bei dem 5. Versuch enthielt die Magermilch sogar 95% der gesamten Enzymaktivität (vgl. Tab. 2).

Tabelle 1. *Verteilung der Aktivität der sauren Phosphatase beim Entrahmen und Laben von Vollmilch*

Verteilung der Enzymaktivität von Vollmilch (= 100%)			
beim Entrahmen		beim Laben	
Milchbestandteil	Phosphataseaktivität in %*	Milchbestandteil	Phosphataseaktivität in %
Magermilch	87,4±1,25	Labmolke	66,9±9,0
Rahm	11,3±0,70	Labcasein	32,4±8,6
Wiedergefundene Aktivität in Rahm und Magermilch	98,9±1,20	Wiedergefundene Aktivität in Labmolke und Labcasein	99,3±0,5

* Die Bestimmung der Phosphatasen erfolgte nach den in der 1. Mitteilung beschriebenen Untersuchungsmethoden[2]. Als Phosphataseaktivität haben wir die Phenolmenge bezeichnet, die die saure bzw. alkalische Phosphatase in 1 ml Milch nach der Reaktionszeit von 1 min aus einer konstanten Dinatriumphenylphosphatkonzentration in Freiheit setzte.

Tabelle 2. *Verteilung der sauren Phosphatase bei der Entrahmung von Vollmilch**

Milchart	Aktivität der sauren Phosphatase bei den Versuchen Nr.									
	1		2		3		4		5	
	in µg Phenol	in %	in µg Phenol	in %	in µg Phenol	in %	in µg Phenol	in %	in µg Phenol	in %
Vollmilch	4,16	100,0	1,20	100,0	1,07	100,0	0,76	100,0	1,08	100,0
Magermilch	3,96	95,0	1,07	89,2	0,95	88,0	0,65	85,6	0,94	87,0
Rahm	0,26	6,3	0,14	11,7	0,11	10,3	0,09	11,9	0,12	11,1
Magermilch u. Rahm	4,22	101,3	1,21	100,9	1,06	98,3	0,74	97,5	1,06	98,1

* Die Versuche Nr. 1 und 2 wurden in Einzelmilchproben, die Versuche 3—5 in Sammelmilch durchgeführt.

Beim Laben von Vollmilch reichert sich die saure Phosphatase in der Labmolke an (vgl. Tab. 1 und 3). Bei unseren Versuchen war zwar die Verteilung nicht sehr regelmäßig, vergrößerte sich aber beträchtlich zugunsten der Labmolke, wenn wir Molke und Bruch schärfer zentrifugierten (vgl. Tab. 3, Versuch 3). Durch dieses Verhalten der sauren Phosphatase beim Entrahmen und Laben von Vollmilch bestätigt sich die Vermutung von HAKANSSON und SJÖSTRÖM[3], daß das Enzym nur an das Milchserum gebunden sein kann. Wahrscheinlich befindet sich die saure Phosphatase genau wie die Lactoperoxydase in der Albuminfraktion. Versuche unsererseits, das Enzym in dieser Fraktion anzureichern, hatten nur orientierenden Charakter. Als Trennungsgang wählten wir die Arbeitsweise von POLIS und SHMUKLER[4], die das Albumin durch Fällen mit Ammoniumsulfat aus der Magermilchmolke isolieren. Bei der Durchführung der Trennung mußten wir jedoch eine bereits in der

---

[1] LODE, W.: Z. Ver. dtsch. Ing. **90**, 89 (1948).
[2] KIERMEIER, F., u. E. MEINL: Diese Z. **114**, 110 (1961).
[3] HAKANSSON, E. B., u. G. SJÖSTRÖM: Zit. S. 190, Anm. 8.
[4] POLIS, B. D., and H. W. SHMUKLER: J. biol. Chem. **201**, 475 (1953).

Tabelle 3. *Verteilung der sauren Phosphatase beim Laben von Vollmilch*

Milchart	Menge	Aktivität der Gesamtmenge in µg Phenol	Verteilung in %
Versuch 1: Einzelmilch			
Vollmilch..... in ml	250	190,8	100,0
Labmolke .... in ml	192	111,3	58,4
Labcasein .... in g	50	77,7	40,8
Molke + Casein .. in g	242	—	99,1
Versuch 2: Sammelmilch			
Vollmilch..... in ml	250	151,5	100,0
Labmolke .... in ml	198	100,0	66,0
Labcasein .... in g	49	49,9	32,9
Molke + Casein .. in g	247	—	98,9
Versuch 3: Sammelmilch*			
Vollmilch..... in ml	250	89,4	100,0
Labmolke .... in ml	200	68,2	76,3
Labcasein .... in g	45	21,1	23,6
Molke + Casein .. in g	245	—	99,9

* Das Labcasein wurde nach Abschütten der Molke nochmals 30 min zentrifugiert.

Labmolke eintretende, durch sorgfältiges Arbeiten im Dunkeln nicht zu verhindernde starke Abnahme der Enzymaktivität feststellen, so daß uns der Bezugspunkt für eine Anreicherung fehlte. Die nach dem Trennungsgang erhaltene Endfraktion, in der sich der Hauptteil der Lactoperoxydase befindet, besaß aber in jedem Fall eine positive Phosphatasereaktion, so daß anzunehmen ist, daß sich die saure Phosphatase tatsächlich in dieser Fraktion befindet. Weitere Versuche werden eine Klärung der Frage bringen.

II. Abhängigkeit der Aktivität von saurer und alkalischer Phosphatase vom Lactationsstand des Milchtieres

1. Verlauf der Aktivität von alkalischer und saurer Phosphatase während einer Lactationsperiode

Wie in der Literatur berichtet und auch von uns stets beobachtet, ist die Aktivität von saurer und alkalischer Phosphatase in der Milch nicht konstant, sondern unterliegt starken Aktivitätsschwankungen. Nach Untersuchungen von FOLLEY und KAY[1] sowie HAAB und SMITH[2, 3] werden diese Aktivitätsschwankungen bei der alkalischen Phosphatase stark vom Lactationsstadium des Milchtieres beeinflußt. Da auch MULLEN[4] eine ähnliche Abhängigkeit bei der sauren Phosphatase feststellte, haben wir das Verhalten der 2 Phosphatasen einmal direkt gegenübergestellt, indem wir die Aktivität von saurer und alkalischer Phosphatase im Morgengemelk dreier Kühe der Braunviehrasse während einer Lactationsperiode nebeneinander bestimmten.

Nach unseren Untersuchungen unterliegen die während einer Lactationsperiode auftretenden Aktivitätsschwankungen von saurer und alkalischer Phosphatase einer eigenartigen, vom Stand der Lactationsperiode bestimmten Gesetzmäßigkeit: Die Aktivität der alkalischen Phosphatase fällt, ausgehend von einem hohen Anfangswert im ersten Colostrum, steil ab und erreicht innerhalb der nächsten 10 Tage ihr Aktivitätsminimum. Von da ab steigt sie dann, wenn auch unter beträchtlichen Schwankungen, bis zum Ende der Lactationsperiode stetig an.

Die saure Phosphatase dagegen fällt von einem maximalen Anfangswert im ersten Colostrum steil ab, zeigt innerhalb des 3.—5. Tages noch ein schwach ausgeprägtes,

---
[1] FOLLEY, S. J., and H. D. KAY: Enzymologia 1, 48 (1936).
[2] HAAB, W.: Schweizer Milchztg. 84, wiss. Beilage 57, 449 (1958).
[3] HAAB, W., and L. M. SMITH: J. Dairy Sci. 39, 1644 (1956).
[4] MULLEN, J. E. C.: J. Dairy Res. 17, 295 (1950).

Tabelle 4. *Schwankungsbereich der Enzymaktivität von saurer und alkalischer Phosphatase während einer Lactationsperiode in der Milch von drei Kühen einer Grauviehherde*

	Enzymaktivität der					
	sauren Phosphatase bei			alkalischen Phosphatase bei		
	Kalba**	Nyschl	Kilda	Kalba	Nyschl	Kilda
	in μg Phenol	in μg Phenol	in μg Phenol	in μg Phenol	in μg Phenol	in μg Phenol
Mittelwert* . . .	0,548	0,998	0,595	12,99	22,00	18,65
Minimum	0,115	0,169	0,348	1,25	1,87	1,62
Maximum	2,790	4,410	1,223	56,50	73,50	76,50

* Arithmetisches Mittel aus den in Tab. 11, S. 201 zusammengefaßten Einzelwerten.
** Name der Versuchstiere.

sekundäres Optimum und verliert dann bis zum 40. Tag an Aktivität. Von diesem Zeitpunkt an bleibt sie praktisch konstant und nimmt erst wenige Tage vor Ende der Lactationsperiode wieder zu (vgl. Tab. 10 und 11, S. 200 und 201).

Die für beide Phosphatasen innerhalb dieser Gesetzmäßigkeit beobachteten Schwankungen der Enzymaktivität überschritten dabei die Größenordnung einer Zehnerpotenz und waren bei der alkalischen Phosphatase heftiger als bei der sauren Phosphatase. Auch von Tier zu Tier war die Aktivität sehr unterschiedlich. Diese Differenz war aber in keinem Fall so groß wie der während der gesamten Periode festgestellte Schwankungsbereich (Tab. 4).

Die von uns bei der alkalischen Phosphatase beobachteten Aktivitätsveränderungen entsprechen — abgesehen von geringen, wahrscheinlich individuell bedingten Abweichungen — den Beobachtungen von FOLLEY und KAY sowie HAAB und SMITH. Auch bei der sauren Phosphatase stimmen unsere Untersuchungen mit denen von MULLEN im großen und ganzen überein. Nur war

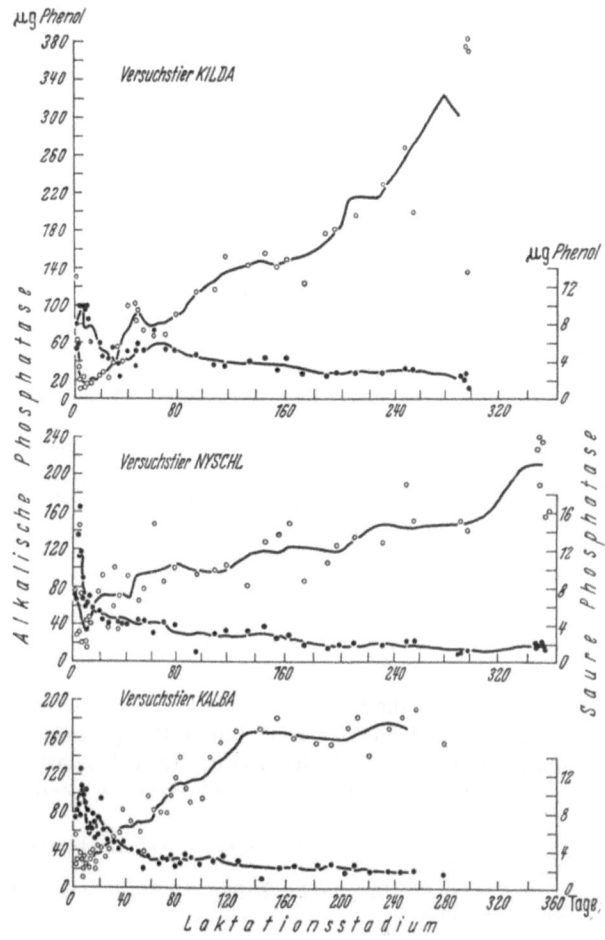

Abb. 1. *Gesamtaktivität der sauren und alkalischen Phosphatase im Morgengemelk von 3 Milchkühen während einer Lactationsperiode.* ●——● Aktivität der sauren Phosphatase. ○——○ Aktivität der alkalischen Phosphatase

in der Milch unserer Versuchstiere kein ausgeprägtes Optimum der Enzymaktivität am Anfang und Ende der Lactationsperiode zu finden. Die Aktivität fiel, wie bei der alkalischen Phosphatase, von einem hohen Anfangswert ausgehend ab und bildete erst dann ein schwaches Optimum. Da diese Autoren ihre Versuche mit Guernsey-, Shorthorn- und Holsteinkühen und wir mit Braunvieh durchgeführt haben, scheint die beobachtete Beziehung unabhängig von Rasse und Standort des Milchtieres zu sein.

2. Abhängigkeit der Gesamtaktivität der sauren und alkalischen Phosphatase von der Lactationsperiode

Das gegenläufige Verhalten im Auftreten der Aktivität von saurer und alkalischer Phosphatase während einer Lactationsperiode tritt noch stärker hervor, wenn man die in einem Gemelk vorliegende gesamte Enzymaktivität verfolgt. In Abb. 1 haben wir diese Gesamtaktivität (Enzymaktivität/ml · Milchleistung), die wir im Morgengemelk unserer 3 Versuchstiere beobachten konnten, als Trendkurven (errechnet nach dem Verfahren von GEBELEIN und HEITE[1], ,,Bestimmung der gleitenden Durchschnitte") wiedergegeben. Der Kurvenverlauf zeigt deutlich, daß die Enzymschwankungen von alkalischer und saurer Phosphatase im entgegengesetzten Sinne verliefen: Die Gesamtaktivität der alkalischen Phosphatase fällt innerhalb der ersten 10 Tage zu einem Minimum herab und steigt dann bis zum Ende der Lactationsperiode mehr oder minder stark aber stetig an, die der sauren Phosphatase dagegen erreicht innerhalb der ersten 5 Tage ein Optimum und fällt dann stetig ab. Der gesamte aktive Enzymgehalt an alkalischer Phosphatase nimmt also, abgesehen von den ersten 10 Tagen, in denen für beide Enzyme extreme Aktivitätswerte vorliegen, mit fortschreitender Lactationsperiode zu und der der sauren Phosphatase laufend ab. Diese Beziehung konnte für alle 3 Versuchstiere nach dem Verfahren von KOLLER[2] statistisch gesichert werden (vgl. Tab. 5). Die statistische Sicherheit bestand auch ab dem 40. Tag der Lactationsperiode, dem Zeitpunkt, bei dem sich die im Colostrum aufgetretenen extremen Schwankungen ausgeglichen hatten, so daß von da ab mit einer normalen Enzymaktivität zu rechnen war.

Tabelle 5. *Korrelationskoeffizient r zwischen Gesamtaktivität der sauren bzw. alkalischen Phosphatase und dem Lactationsstand der Versuchstiere* (berechnet nach dem Verfahren von KOLLER[2] vom 40. Tag der Lactationsperiode an)

Versuchstier	Korrelationskoeffizient r		
	Zur statistischen Sicherheit von 99,73% theoretisch gefordert*	experimentell gefunden für	
		saure Phosphatase	alkalische Phosphatase
Kalba	±0,554	—0,690	+0,803
Nyschl . . .	±0,545	—0,745	+0,732
Kilda	±0,596	—0,866	+0,699

* Diese Werte wurden den graphischen Tafeln zur Beurteilung statistischer Zahlen von KOLLER[2] entnommen.

Da auch während der ersten Tage der Lactationsperiode die Aktivitätsschwankungen von alkalischer und saurer Phosphatase gegensinnig verlaufen, ergibt sich als Folgerung dieser Beziehung die Tatsache, daß in einer Einzelmilchprobe, die eine hohe Aktivität an alkalischer Phosphatase besitzt, nur eine geringe Aktivität an

---
[1] GEBELEIN, H., u. H. J. HEITE: Statistische Urteilsbildung. Berlin-Göttingen-Heidelberg: Springer 1951.
[2] KOLLER, S.: Graphische Tafeln zur Beurteilung statistischer Zahlen, 3. Aufl., Darmstadt: Steinkopff 1953.

saurer Phosphatase — oder umgekehrt — vorliegen wird. Für unsere Versuchstiere konnten wir diese Beziehung ebenfalls statistisch sichern und zwar vom ersten Tag der Lactationsperiode an (vgl. Tab. 6). Wir haben sie auch in der Einzelmilch anderer Tiere immer wieder beobachtet.

Tabelle 6. *Korrelationskoeffizient r zwischen der Gesamtaktivität der sauren Phosphatase und der alkalischen Phosphatase innerhalb einer Lactationsperiode*

Versuchstier	Korrelationskoeffizient r	
	Zur statistischen Sicherheit von 99,73% theoretisch gefordert*	experimentell gefunden
Kalba....	±0,415	—0,836
Nyschl...	±0,432	—0,489
Kilda....	±0,456	—0,662

* Diese Werte wurden den „Graphischen Tafeln zur Beurteilung statistischer Zahlen" von KOLLER entnommen.

3. Abhängigkeit der Phosphataseaktivität von der Milchleistung

Neben dieser Abhängigkeit der Phosphatasen von der Lactationsperiode besteht innerhalb der Lactationsperiode noch eine interessante Beziehung zwischen der Aktivität der alkalischen Phosphatase und der Milchleistung: Mit steigender Milchleistung sinkt die Phosphataseaktivität und umgekehrt (vgl. Tab. 11, S. 201). FOLLEY und KAY[1] erklären diese Abhängigkeit als einen Index für den Erschöpfungszustand der Drüsenzellen. Je niedriger die Enzymaktivität, desto frischer und leistungsfähiger ist die Zelle. Für die saure Phosphatase besteht diese Beziehung, wie Tab. 11, S. 201 zeigt, nicht.

III. Verteilung der Aktivität von saurer und alkalischer Phosphatase im Weihenstephaner Milcheinzugsgebiet

1. Schwankungsbereich der Phosphataseaktivität innerhalb des Einzugsgebietes

Das Milcheinzugsgebiet der Staatlichen Molkerei in Weihenstephan besitzt auf Grund seiner Lage zwischen dem Schwemmlandboden der Isar, dem der Münchener Schotterebene vorgelagerten breiten Moosstreifen und dem tertiären Hügelland mit dem Flußtal der Amper eine heterogene Bodenbeschaffenheit. Dadurch war uns die Möglichkeit gegeben zu prüfen, ob die Aktivität der sauren und alkalischen Phosphatase durch äußere Einflüsse, wie durch verschiedenes Futter — und die damit verbundene verschiedene Bodenbeschaffenheit — beeinträchtigt werden kann. Die Verteilung der Enzymaktivität ermittelten wir an Hand von 185 Anlieferungsmilchproben, die wir einmal während der Grünfütterung im Sommer (Juli 1958) und einmal während der Stallfütterung im Winter (März 1958) untersuchten. Zusätzlich bestimmten wir den Fettgehalt, Säuregrad und p_H-Wert. Die einzelnen Milchproben wählten wir dabei derart aus, daß sowohl ein guter Durchschnitt von dem gesamten Einzugsgebiet erfaßt wie auch die verschiedene Bodenbeschaffenheit berücksichtigt wurde (Tab. 7).

Die in Tab. 7 zusammengefaßten Untersuchungsergebnisse besagen,

a) daß die Aktivität von saurer und alkalischer Phosphatase in jeder Milchprobe zu beobachten war,

b) daß die Aktivität der sauren Phosphatase immer um 2 Zehnerpotenzen niedriger als die der alkalischen liegt,

c) daß die Aktivität beider Phosphatasen beträchtlich schwankt, der Schwankungsbereich aber — bezogen auf die jeweils vorliegende Enzymaktivität — für saure und alkalische Phosphatase von derselben Größenordnung ist,

---

[1] FOLLEY, S. J., u. H. D. KAY: Zit. S. 190, Anm. 1.

d) daß sich im Winter die Aktivität der sauren Phosphatase im Mittel um 40% und die Aktivität der alkalischen Phosphatase um 10% erhöht und

e) daß die saure Phosphatase im Sommer und die alkalische Phosphatase im Winter eine breitere Aktivitätsverteilung aufweist.

Tabelle 7. *Schwankungsbereich der Enzymaktivität von saurer und alkalischer Phosphatase im Milcheinzugsgebiet der Staatlichen Molkerei in Weihenstephan während der Sommer- und Winterfütterung*

	Enzymaktivität der			
	sauren Phosphatase		alkalischen Phosphatase	
	im Sommer in µg Phenol	im Winter in µg Phenol	im Sommer in µg Phenol	im Winter in µg Phenol
Statistischer Mittelwert von 184 bzw. 185 Bestimmungen*....	0,228	0,373	27,1	30,2
Minimum............	0,036	0,088	4,6	2,4
Maximum	0,790	0,859	61,5	84,2
Schwankungen um diesen Mittelwert	±0,143	±0,116	±11,26	±14,22

* Neben dem in der Tabelle angeführten Maximum für die Aktivität der sauren Phosphatase konnten wir in einer Milchprobe, aber da zu jedem Zeitpunkt, Aktivitätswerte von 1,08 (Sommer) bzw. 1,89 (Winter) µg Phenol beobachten. Die Milchprobe stammte von 2 Kühen; wir überprüften Tiere, Futter und Milch auf Krankheit oder anomale Zusammensetzung, konnten aber keinen Anhaltspunkt für die hohe Enzymaktivität finden, so daß es sich bei diesem Wert nur um eine individuelle Ausnahme handeln kann. Für die statistische Berechnung wurde er nicht berücksichtigt, da er außerhalb des normalen Schwankungsbereichs liegt.

Demnach unterscheiden sich die Aktivitätsschwankungen von saurer und alkalischer Phosphatase lediglich in der verschiedenen Schwankungsbreite innerhalb einer Jahreszeit. Dieses ähnliche Verhalten drückt sich auch in der Häufigkeitsverteilung

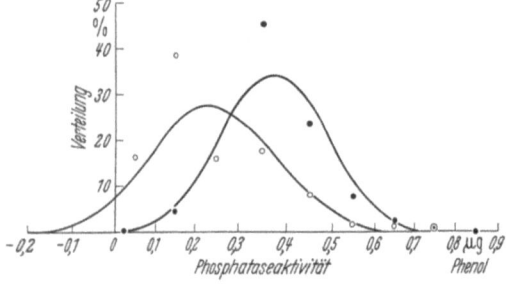 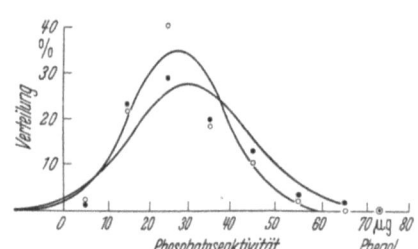

Abb. 2. *Häufigkeitsverteilung (Gaußsche Normalverteilung) der Aktivität der sauren Phosphatase von 185 Anlieferungsmilchproben des Milcheinzugsgebietes der Staatlichen Molkerei in Weihenstephan* (berechnet nach KOLLER)[1]. ○——○ Verteilung im Sommer. ●——● Verteilung im Winter

Abb. 3. *Häufigkeitsverteilung (Gaußsche Normalverteilung) der Aktivität der alkalischen Phosphatase von 185 Anlieferungsmilchproben des Milcheinzugsgebietes der Staatlichen Molkerei in Weihenstephan* (berechnet nach KOLLER)[1]. ○——○ Verteilung im Sommer. ●——● Verteilung im Winter

aus. Sie war bei beiden Enzymen sowohl im Winter wie im Sommer nahezu symmetrisch und fiel, von einem Mittelwert ausgehend, nach links und rechts fast gleichmäßig ab. Wir haben sie in Abb. 2 und 3 in Form einer Gaußschen Normalverteilung wiedergegeben.

---

[1] KOLLER, S.: Zit. S. 194, Anm. 2.

In Anbetracht dieser Normalverteilung im hiesigen, aus heterogenen Böden zusammengesetzten Milcheinzugsgebiet ist es unwahrscheinlich, daß die Aktivität der sauren und alkalischen Phosphatase durch die Fütterung, die das Milchtier auf Grund des unterschiedlichen Bodens erhält, stark beeinflußt wird. Wir konnten in dieser Hinsicht auch keine Abhängigkeit finden.

2. Abhängigkeit der Phosphataseaktivität vom p_H-Wert und Fettgehalt der Milch

Bereits während der Untersuchungen der einzelnen Anlieferungsmilchproben konnten wir beobachten, daß in leicht ansaurer Milch meist eine niedrige Aktivität an saurer Phosphatase gemessen wurde. Bei der statistischen Auswertung bestätigte sich dann

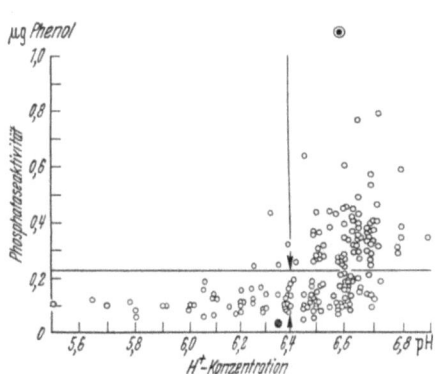

Abb. 4. *Abhängigkeit der sauren Phosphatase vom p_H-Wert der Milch während der Sommerfütterung*

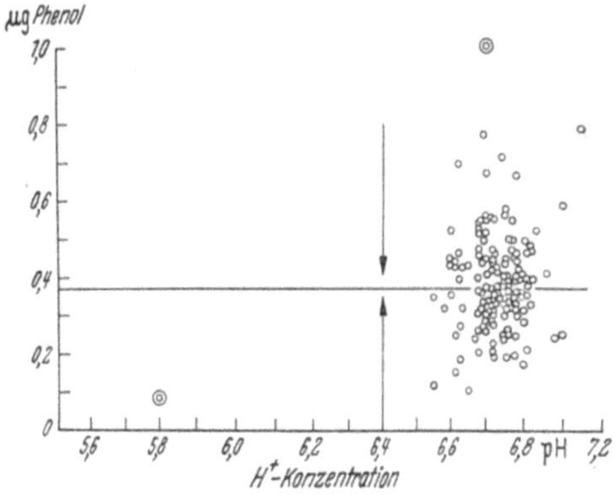

Abb. 5. *Abhängigkeit der sauren Phosphatase vom p_H-Wert der Milch während der Winterfütterung*

auch eine gewisse Abhängigkeit der Enzymaktivität vom p_H-Wert bzw. Säuregrad der Milch: In der Regel lag nämlich bei den Milchproben, deren p_H-Wert niedriger als 6,4 war, die Aktivität der sauren Phosphatase unter dem Mittelwert aller Bestimmungen (Abb. 4, S. 197). Diese Abhängigkeit konnte zwar nur während der Sommermonate beobachtet werden. Es ist aber anzunehmen, daß sie unabhängig von der Jahreszeit besteht, wir konnten sie nur nicht nachweisen, da wir während der Bestimmung im Winter nur eine Milchprobe mit einem niedrigeren

Tabelle 8. *Aufschlüsselung der Punktwolken von Abb. 4 und Abb. 5*

Phosphatase-aktivität bezogen auf den Mittelwert M	Häufigkeit der p_H-Werte in 185 Milchproben während der			
	Sommerfütterung		Winterfütterung	
	$p_H < 6,4$	$p_H > 6,4$	$p_H < 6,4$	$p_H > 6,4$
$> M$	4	75	0	79
$< M$	48	57	1	104

p_H-Wert als 6,4 gezogen hatten. Die Enzymaktivität dieser Milchprobe war allerdings gleichzeitig der niedrigste Wert aller Bestimmungen (Abb. 5, S. 197).

Für die Normalverteilung des Enzyms erklärt sich damit die im Winter stark erhöhte Enzymaktivität der sauren Phosphatase und die im Sommer beobachtete größere Schwankungsbreite, die — wie Abb. 2 deutlich zeigt — nur zu Gunsten der niedrigen Aktivitätswerte verläuft.

Zum Fettgehalt der Milch ergab sich wie erwartet keine Beziehung, da das Enzym nicht an die Fettkügelchenmembran der Milch adsorbiert, sondern im Serum vorliegt. Ebenso war die Aktivität der alkalischen Phosphatase mit dem Fettgehalt oder dem p_H-Wert bzw. Säuregrad der entsprechenden Milch nicht in Beziehung zu bringen. Die bei diesem Enzym beobachteten jahreszeitlichen Unterschiede in der Schwankungsbreite der Enzymaktivität sind wahrscheinlich nur auf das verschiedene Abkalbedatum der einzelnen Milchkühe zurückzuführen.

3. Vergleich der Schwankungsbreite von alkalischer und saurer Phosphatase während der Lactation und im Einzugsgebiet

Vergleicht man die Enzymschwankungen, die während einer Lactationsperiode und innerhalb des Weihenstephaner Einzugsgebietes beobachtet wurden, ergibt sich, daß die Unregelmäßigkeiten für beide Versuche bei der alkalischen Phosphatase in derselben Größenordnung liegen (Tab. 9).

Tabelle 9. *Schwankungsbereich von saurer und alkalischer Phosphatase während der Lactation und im Milcheinzugsgebiet* (aus Tab. 4 und 7 ermittelt)

	Enzymaktivität der			
	sauren Phosphatase bei		alkalischen Phosphatase bei	
	Lactation in μg Phenol	Einzugsgebiet in μg Phenol	Lactation in μg Phenol	Einzugsgebiet in μg Phenol
Niedrigster Wert . . .	0,115	0,036	1,25	2,40
Höchster Wert . . .	4,410	0,859	76,50	84,20

Bei der sauren Phosphatase muß dabei berücksichtigt werden, daß der niedrigste Wert in ansaurer Milch und der höchste im ersten Colostrum nach dem Abkalben — also jeweils unter extremen Bedingungen — beobachtet wurde, so daß auch hier dieselbe Größenordnung der Schwankungsbreite angenommen werden kann. Rückschließend auf die Heterogenität unseres Milcheinzugsgebietes und die festgestellte Normalverteilung in diesem Gebiet kann damit gesagt werden, daß die Aktivität von alkalischer und saurer Phosphatase vom gegebenen Futter, das auf verschiedenen Böden wächst, unabhängig ist. Die in der Milch beobachteten Enzymschwankungen sind entweder rein individueller oder physiologischer Natur.

Experimenteller Teil

1. Verhalten der sauren Phosphatase beim Entrahmen und Laben von Vollmilch

Die Entrahmungs- und Labungsversuche von Vollmilch wurden an verschiedenen Tagen mit Milchproben verschiedener Herkunft (aus dem Einzugsgebiet der Staatlichen Molkerei in Weihenstephan) und Phosphataseaktivität durchgeführt. Die Phosphataseaktivität wurde dabei in den erhaltenen Fraktionen Magermilch und Rahm bzw. Molke und Casein nach den in der 1. Mitteilung[1] beschriebenen Methoden bestimmt.

a) *Versuchsdurchführung zur Verteilung der sauren Phosphatase beim Entrahmen von Vollmilch*

Zur Entrahmung von Vollmilch verwendeten wir bei den Versuchen 1 und 2 eine kontinuierliche Milchzentrifuge, bei den Versuchen 3 bis 5 (vgl. Tab. 2, S. 191) eine normale Zentrifuge (g = 2500, 30 min). Das Verhältnis von Rahm und Magermilch wurde in beiden Fällen volumetrisch erfaßt: Beim Arbeiten mit der kontinuierlichen Milchzentrifuge durch Abmessen der in einer bestimmten Zeit gleichzeitig ausgelaufenen Rahm- und Magermilchmengen, bei den Versuchen mit der normalen Zentrifuge durch Messung der resultierenden Magermilchmenge.

Die Enzymbestimmung in der Magermilch erfolgte in der üblichen Arbeitsweise, nur bezogen wir die Enzymaktivität von 1 ml Magermilch auf das Volumen von 1 ml Vollmilch.

Von einer direkten Enzymbestimmung in Rahm nahmen wir Abstand. Das bei der Hydrolyse freigesetzte Phenol wird in stark fetthaltigen Substraten z. T. vom Fett adsorbiert und entgeht

---

[1] KIERMEIER, F., u. E. MEINL: Zit. S. 191, Anm. 2.

somit der Bestimmung[1]. Deshalb verdünnten wir einen aliquoten Teil Rahm mit so viel abgekochter Magermilch, daß das ursprüngliche Vollmilchvolumen wieder erreicht war, und stellten auch hierin die Enzymaktivität fest.

b) Versuchsdurchführung zur Verteilung der sauren Phosphatase beim Laben von Vollmilch

Unsere Arbeitsweise läßt sich nach folgendem Schema leicht überblicken:

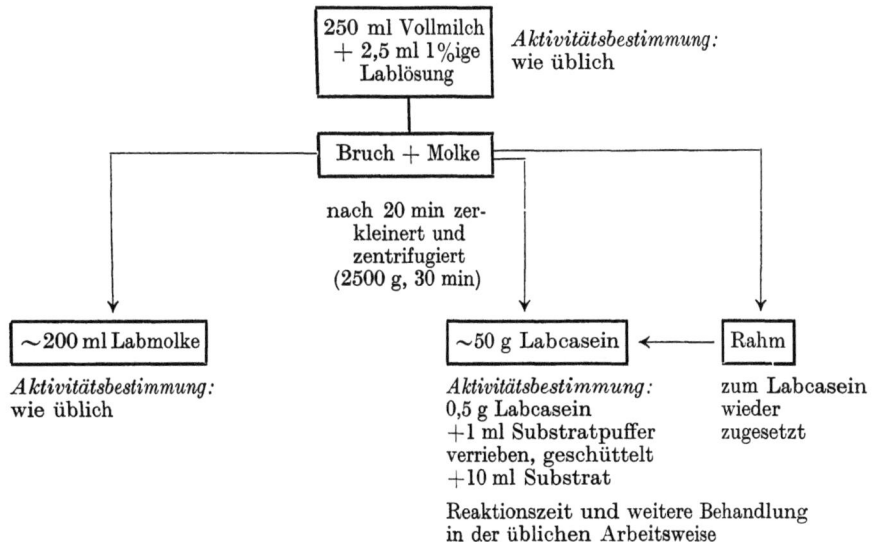

Die Enzymaktivität von Labmolke und Labcasein wurde auf das Gesamtvolumen bzw. Gesamtgewicht umgerechnet und mit der ursprünglichen Aktivität im Ausgangsvolumen der Vollmilch verglichen. Die dabei erhaltenen Einzelergebnisse vgl. Tab. 3, S. 192.

2. Abhängigkeit der Aktivität von saurer und alkalischer Phosphatase vom Lactationsstadium der Milchkühe

a) Bestimmung der Enzymaktivität während einer Lactationsperiode

Im Verlauf der Untersuchungen über das Verhalten der sauren Phosphatase im Vergleich zur alkalischen in Kuhmilch haben wir die Aktivität beider Enzyme in der Milch von drei Kühen aus der Braunviehherde des Staatsgutes Veitshof in Weihenstephan vom Kalben ab bis zum Ende der Lactationsperiode nebeneinander untersucht. Alle drei Kühe kalbten innerhalb 8 Wochen im Frühjahr 1958. Die Tiere blieben während der Untersuchungen in der Herde und waren somit allen jahreszeitlich bedingten oder der Lactationsperiode entsprechenden Fütterungen unterworfen.

Versuchsdurchführung:

Die Probenahme der Milch erfolgte stets aus dem gesamten, frisch ermolkenen Morgengemelk, und zwar innerhalb der ersten 7 Tage täglich, bis zum 70. Tag in zeitlich gestaffelten Abständen innerhalb von 2—8 Tagen und von da an alle 14 Tage. In den letzten Tagen der Lactationsperiode wurde wieder täglich untersucht. Als Tag 1 bezeichneten wir den Zeitpunkt des ersten Gemelks nach dem Kalben. Außerdem untersuchten wir während der ersten 7 Tage auch das Abendgemelk aller drei Kühe (Tab. 10).

Die Bestimmung beider Phosphatasen wurde stets am Tag der Probenahme nach der üblichen Arbeitsweise durchgeführt. Um die Aktivität beider Enzyme direkt miteinander vergleichen zu können, haben wir auch die saure Phosphatase bei der Reaktionstemperatur von 20°C bestimmt. Die bei den einzelnen Untersuchungen beobachteten Enzymaktivitäten, ausgedrückt in μg Phenol, sind in Tab. 11 zusammengefaßt.

---

[1] POSTHUMUS, G., u. C. J. BOOY: Ned. Melk en Zuiveltijdschr. **12**, 96 (1958).

Tabelle 10. *Aktivität der sauren und alkalischen Phosphatase im Colostrum von 3 Milchkühen einer Braunviehherde*

Tage nach dem Kalben	Art des Gemelks*	Enzymaktivität der					
		sauren Phosphatase bei			alkalischen Phosphatase bei		
		Versuchstier 1 in µg Phenol	Versuchstier 2 in µg Phenol	Versuchstier 3 in µg Phenol	Versuchstier 1 in µg Phenol	Versuchstier 2 in µg Phenol	Versuchstier 3 in µg Phenol
1	M	2,790			56,60		
	A	1,620	4,410	0,867	32,05	73,50	21,35
2	M	1,286	1,455	0,913	9,84	14,74	10,42
	A	1,190	1,005	0,865	6,25	8,95	7,00
3	M	1,320	1,050	1,105	4,33	4,88	4,91
	A	0,709	1,267	0,788	2,71	3,12	3,88
4	M	0,924	1,764	1,223	3,72	4,21	2,79
	A	0,956	2,220	0,738	3,13	23,10	2,54
5	M	0,968	2,110	1,162	3,50	18,70	1,62
	A	1,092	1,702	1,018	4,00	8,83	2,04
6	M	1,220	1,406	1,070	3,62	8,76	1,88
	A	0,822	0,930		2,25	6,62	
7	M	0,977	0,972	0,997	3,12	2,75	2,75
	A	0,952	0,885	0,980	2,22	2,51	1,99
8	M	0,945	0,985		1,25	2,21	
10	M	0,924	0,623	0,843	2,25	1,87	1,94

* M = Morgengemelk; A = Abendgemelk.

Das Optimum der Aktivität der sauren Phosphatase stellt sich bei allen drei Kühen in der Kolostralmilch (Tag 1—4, vgl. Tab. 10), das Minimum in der letzten Hälfte der Lactationsperiode ein: für die Kühe Kalba (Versuchstier 1), Nyschl (Versuchstier 2), Kilda (Versuchstier 3) am 143., 96. bzw. 173. Tag (vgl. Tab. 11). Bei der alkalischen Phosphatase fallen — ausgenommen die Kuh Kilda, die erst im letzten Gemelk vor dem Trockenstellen die höchste Aktivität erreichte — Optimum und Minimum der Enzymaktivität in die ersten 10 Tage der Lactationsperiode.

3. *Verteilung der Aktivität von saurer und alkalischer Phosphatase im Milcheinzugsgebiet der staatlichen Molkerei in Weihenstephan*

Versuchsdurchführung zur Bestimmung der Einzelproben:

Die Probenahme der Milch erfolgte jeweils zum Zeitpunkt der Anlieferung aus der gesamten, vorher gut durchgemischten Milchmenge (Milchannahmewaage). Saure und alkalische Phosphatase wurden in der üblichen Arbeitsweise bestimmt. Zum besseren Vergleich beider Enzyme untersuchten wir auch die saure Phosphatase bei der Reaktionstemperatur von 20° C. Den Fettgehalt und Säuregrad ermittelten wir in der zur Untersuchung von Milch- und Milcherzeugnissen üblichen Arbeitsweise nach den Methoden von GERBER bzw. SOXHLET-HENKEL.

Der p_H-Wert wurde elektrometrisch mit der Glaselektrode bestimmt.

Zum Ergebnis der einzelnen Untersuchungen verweisen wir auf die Dissertation ,,Über Vorkommen und Eigenschaften der Phosphatasen in Kuhmilch[1]". Einen Überblick der Einzelergebnisse vermitteln jedoch die Tab. 12 und 13, in denen wir die Häufigkeitsverteilung der Aktivität von saurer und alkalischer Phosphatase während der Winter- und Sommerfütterung wiedergegeben haben. Anhand dieser Häufigkeitsverteilung errechneten wir nach dem Verfahren von KOLLER[2] die in Abb. 2 und 3, S. 196, wiedergegebene Gaußsche Normalverteilung.

Die Maxima der sauren Phosphatase liegen bei der Bestimmung während der Sommermonate um 2, bei der Bestimmung während der Wintermonate um 10 Klassen über dem nächst unteren Wert. Sie fallen somit aus der normalen Schwankungsbreite aller Werte heraus, weshalb wir sie bei der Berechnung der Normalverteilung nicht berücksichtigten. Bei der alkalischen Phosphatase wurde nur das Maximum der Aktivitätsbestimmung im Winter eliminiert.

---

[1] MEINL, E.: Über Vorkommen und Eigenschaften der Phosphatasen in Kuhmilch. Techn. Hochschule München, 1960.

[2] KOLLER, S.: Zit. S. 194, Anm. 2.

Tabelle 11. *Aktivität der sauren und alkalischen Phosphatase während einer Lactationsperiode in Morgenmilch dreier Milchkühe*

Versuchstier Kalba			Versuchstier Nyschl			Versuchstier Kilda		
Tage nach Kalben	Milchleistung	Phosphataseaktivität	Tage nach Kalben	Milchleistung	Phosphataseaktivität	Tage nach Kalben	Milchleistung	Phosphataseaktivität
	kg	sauer | alkalisch in μg Phenol		kg	sauer | alkalisch in μg Phenol		kg	sauer | alkalisch in μg Phenol
1		— | 56,50	1		4,410 | 73,50	1		0,867 | 21,35
		2,790 | 32,05	2	5,2	1,455 | 14,74	2	6,0	0,913 | 10,42
2	5,8	1,286 | 9,84	3	6,5	1,050 | 4,88	3	7,2	1,105 | 4,91
3	6,3	1,320 | 4,33	4	7,7	1,764 | 4,21	4	8,0	1,223 | 2,79
4	8,3	0,924 | 3,72	5	7,7	2,110 | 18,70	5	8,4	1,162 | 1,62
5	9,1	0,968 | 3,50	6	3,4	1,406 | 8,76	7	9,6	0,997 | 2,75
6	10,2	1,217 | 3,62	7	7,2	0,972 | 2,75	9	9,8	0,994 | 1,79
7	11,0	0,977 | 3,12	8	9,1	0,985 | 2,21	10	10,0	0,843 | 1,94
8	10,0	0,945 | 1,25	10	9,2	0,623 | 1,87	12	9,0	0,666 | 2,17
9	10,5	0,875 | 2,00	11	8,8	0,716 | 5,17	18	8,6	0,684 | 2,96
10	11,2	0,924 | 2,25	12	8,8	0,808 | 4,63	21	9,0	0,484 | 3,25
11	10,7	0,766 | 2,21	13	8,4	0,677 | 5,67	25	7,8	0,548 | 3,12
12	11,2	0,580 | 2,71	19	9,3	0,600 | 8,09	28	9,2	0,598 | 4,37
13	11,5	0,561 | 3,08	22	7,4	0,610 | 12,67	32	8,0	0,460 | 6,92
14	12,2	0,660 | 3,25	26	6,7	0,607 | 5,50	35	7,7	0,344 | 4,91
16	13,0	0,517 | 1,79	29	8,0	0,722 | 13,28	40	8,5	0,598 | 11,67
17	12,5	0,436 | 3,42	33	9,1	0,471 | 3,88	46	9,6	0,538 | 10,58
19	13,1	0,432 | 3,92	36	9,0	0,443 | 8,05	47	9,3	0,372 | 8,96
21	14,1	0,663 | 3,12	41	8,2	0,471 | 11,12	48	11,1	0,527 | 8,54
23	13,1	0,457 | 2,58	49	7,9	0,542 | 8,38	53	10,3	0,527 | 7,16
27	10,0	0,540 | 4,25	54	9,3	0,464 | 3,34	61	9,1	0,781 | 7,37
31	12,1	0,413 | 4,33	62	8,7	0,349 | 16,96	70	9,5	0,554 | 7,09
35	11,5	0,386 | 5,13	71	8,6	0,467 | 10,04	78	9,5	0,524 | 9,17
39	12,0	0,413 | 6,88	79	7,6	0,501 | 13,68	95	10,0	0,463 | 11,38
44	11,1	0,400 | 6,21	96	7,0	0,169 | 12,88	109	9,6	0,352 | 11,87
51	10,0	0,362 | 5,80	110	7,2	0,378 | 13,40	118	8,8	0,392 | 17,37
55	6,2	0,318 | 6,09	119	5,8	0,538 | 17,58	134	8,7	0,446 | 16,67
59	10,0	0,326 | 9,50	135	6,2	0,464 | 13,20	145	9,0	0,504 | 17,92
66	10,4	0,249 | 7,88	146	6,8	0,543 | 19,25	155	8,6	0,362 | 16,58
69	9,3	0,335 | 8,55	156	6,3	0,392 | 21,90	161	7,5	0,591 | 20,00
73	8,7	0,339 | 9,05	162	6,1	0,480 | 24,45	173	8,0	0,348 | 16,46
76	8,5	0,413 | 11,00	174	5,2	0,342 | 17,67	189	7,7	0,372 | 23,13
80	9,6	0,242 | 12,18	190	5,0	0,270 | 21,30	197	7,4	0,402 | 24,80
83	9,0	0,293 | 15,97	198	5,1	0,358 | 24,68	208	7,8	0,352 | 25,20
88	9,2	0,379 | 11,30	209	5,5	0,349 | 24,32	229	7,7	0,355 | 30,68
94	10,4	0,282 | 8,38	230	4,6	0,321 | 28,34	249	5,7	0,517 | 47,60
101	10,9	0,233 | 8,34	250	4,3	0,543 | 44,00	255	5,0	0,665 | 39,80
109	10,5	0,261 | 13,30	256	4,5	0,508 | 34,20	293	5,2	0,440 | 72,30
118	10,0	0,312 | 15,17	293	3,6	0,319 | 29,95	294	5,4	0,406 | 71,20
126	8,6	0,332 | 19,30	294	4,1	0,270 | 36,40	295	5,2	0,508 | 71,80
143	9,0	0,115 | 18,70	299	4,2	0,304 | 33,65	299	2,0	0,601 | 76,50
157	8,8	0,245 | 20,70	348	3,2	0,598 | 59,30			
166	6,5	0,318 | 24,20	349	4,0	0,436 | 57,70			
182	6,2	0,379 | 24,20	350	4,2	0,466 | 57,70			
193	6,7	0,358 | 22,10	351	3,6	0,664 | 66,60			
203	6,2	0,284 | 27,10	352	3,0	0,282 | 52,40			
209	6,8	0,340 | 26,60	353	2,8	0,282 | 58,30			
221	6,1	0,277 | 22,80						
237	5,7	0,312 | 20,00						
245	6,1	0,294 | 30,40						
256	5,4	0,384 | 35,00						
279	3,4	0,501 | 45,00						

Tabelle 12. *Häufigkeitsverteilung der Aktivität der sauren Phosphatase während der Winter- und Sommerfütterung*

Phosphatase-aktivität in µg Phenol	Häufigkeit der Phosphataseaktivität während der			
	Sommerfütterung		Winterfütterung	
	absolut	in %	absolut	in %
0,00—0,10	30	16,3	1	0,5
0,10—0,20	71	**38,6**	8	4,4
0,20—0,30	29	15,8	29	15,8
0,30—0,40	32	17,4	**83**	**45,1**
0,40—0,50	15	8,1	43	23,4
0,50—0,60	3	1,6	14	7,6
0,60—0,70	2	1,1	3	1,6
0,70—0,80	2	1,1	2	1,1
über 0,80	1*	—	1+1*	0,5

Tabelle 13. *Häufigkeitsverteilung der Aktivität der alkalischen Phosphatase während der Winter- und Sommerfütterung*

Phosphatase-aktivität in µg Phenol	Häufigkeit der Phosphataseaktivität während der			
	Sommerfütterung		Winterfütterung	
	absolut	in %	absolut	in %
0,0—10,0	7	3,9	6	3,3
10,0—20,0	43	23,2	46	25,0
20,0—30,0	**75**	**40,5**	**50**	**27,2**
30,0—40,0	31	16,8	36	19,6
40,0—50,0	20	10,8	29	15,7
50,0—60,0	8	4,3	11	6,0
60,0—70,0	1	0,5	5	2,7
70,0—80,0	—	—	1	0,5
über 80,0	—	—	1*	—

* Diese Werte sind in die Prozentzahlen nicht mit einbezogen (vgl. oben).

Zusammenfassung

1. Das Verhalten von saurer und alkalischer Phosphatase in Milch ist verschieden: Während die alkalische Phosphatase in der Milch an die Membran der Fettkügelchen gebunden ist, liegt die saure Phosphatase, nach ihrem Verhalten beim Entrahmen und Laben von Vollmilch zu schließen, im Milchserum vor.

2. Beide Enzyme zeigen eine entgegengesetzte, gesetzmäßige Abhängigkeit vom Lactationsstand des Milchtieres; während einer Lactationsperiode konnte statistisch gesichert werden, daß die Gesamtaktivität der sauren Phosphatase im Morgengemelk einer Kuh mit fortschreitender Lactation ab- und die Gesamtaktivität der alkalischen Phosphatase zunimmt. Als Folgerung ergibt sich, daß in der Milch einer einzelnen Kuh mit hoher Aktivität an alkalischer Phosphatase die Aktivität der sauren Phosphatase gering sein wird und umgekehrt. Auch diese Beziehung konnte statistisch gesichert werden.

3. Die Verteilung der Aktivität von alkalischer und saurer Phosphatase in 185 Milchproben des Molkereieinzugsgebietes in Weihenstephan folgt einer Gaußschen Normalverteilung. Die Milchproben wiesen beträchtliche Aktivitätsunterschiede auf, die für beide Enzyme in derselben Größenordnung lagen. Die Aktivität der sauren Phosphatase ist allerdings immer um 2 Zehnerpotenzen geringer als die der alkalischen. Da die Enzymschwankungen von saurer und alkalischer Phosphatase im aus heterogenen Böden zusammengesetzten Weihenstephaner Milcheinzugsgebiet von derselben Größenordnung waren wie die während der Lactationsperiode der Milchtiere beobachteten, liegt der Schluß nahe, daß die Aktivität beider Phosphatasen von der durch unterschiedliche Böden bedingten Fütterung nicht beeinflußt wird.

Zur Kenntnis der Milchphosphatasen

III. Mitteilung
Einfluß der Temperatur auf die Aktivität der sauren Milchphosphatase*

Von

FRIEDRICH KIERMEIER und ELFIE MEINL

Mitteilung aus dem Milchwirtschaftlichen Institut der Technischen Hochschule München in Weihenstephan

Mit 5 Textabbildungen

(Eingegangen am 20. Dezember 1961)

1. Verhalten im Vergleich zu anderen Milchenzymen

Das Verhalten der einzelnen Milchenzyme gegenüber Temperatureinfluß ist für die Milchwirtschaft insofern von Interesse, da ihr Inaktivierungsbereich knapp über dem jener Krankheitserreger liegt, die in die Milch — sei es durch Krankheit des Milchtieres oder durch Unsauberkeit bei der Milchgewinnung — eingeschleppt werden, so daß die dadurch notwendig gewordene Erhitzung der Milch in der Molkerei an Hand von negativen Enzymreaktionen sicher überprüft werden kann. Hingewiesen sei hier auf die in Deutschland amtlich anerkannte Prüfung der Milch auf ausreichende Hocherhitzung mit Hilfe der negativen Peroxydasereaktion[1, 2] oder die in den angelsächsischen Ländern übliche negative, alkalische Phosphatasereaktion bei Kurzzeiterhitzung und Dauerpasteurisierung [3, 4].

Über das Verhalten der sauren Milchphosphatase gegenüber Temperatureinfluß ist lediglich bekannt, daß das Enzym relativ temperaturunempfindlich ist. Nach Untersuchungen von MULLEN[5] tritt bei einer Erhitzungsdauer von 1 min bei 100° C, und bei einer Erhitzungsdauer von 30 min erst bei 90,2° C eine völlige Inaktivierung des Enzyms ein. HAKANSSON und SJÖSTRÖM bestätigen dieses Verhalten[6]. Diese Temperaturunempfindlichkeit zeigt schon das hohe Temperaturoptimum der sauren Phosphatase, das bei einer Temperatur von 50° C liegt[7]. Einen Begriff über·die relativ hohe Thermostabilität des Enzyms vermag auch Tab. 1 zu vermitteln. Hier haben

Tabelle 1. *Zerstörung einiger Milchenzyme durch die in der Molkerei üblichen Erhitzungsverfahren*

Erhitzungsverfahren	Erhitzungsbedingungen		Ausfall der Enzymreaktion von			
	Zeit min	Temperatur °C	Phosphatase		Peroxydase	Xanthin-dehydrase
			sauer	alkalisch		
Dauererhitzung . . .	30	62,5	++	—	++	++
Kurzzeiterhitzung . .	$1/2$	72,0	++	—	+	+
Hocherhitzung. . . .	$1/4$	85,0	++	—	—	—
Rahmerhitzung . . .	$1/4$	102,0	+	—	—	—
Uperisation	—	150,0	+	—	—	—
Sterilisation	etwa 20	120,0	—	—	—	—
Kondensieren . . .	etwa 20	120,0	—	—	—	—

Zeichenerklärung: ++ = stark positiver Ausfall,
+ = positiver Ausfall, — = negativer Ausfall der Enzymreaktion.

---

* Auszug aus E. MEINL: Über Vorkommen und Eigenschaften der Phosphatasen in Kuhmilch. Dissertat. T. H. München 1960.
[1] RdErl. RuPrMI III 6250 vom 18. V. 1937.
[2] Erl. BML III 44 Vet. 8000 vom 13. VI. 1950.
[3] Offic. Methods of Analyses of the Assoc. of Agric. Chem.: 7. Auflage, Washington 1950.
[4] Ministry of Health (Great Britain): Addendum to Memo 139/Foods London 1943.
[5] MULLEN, J. E. C.: J. Dairy Res. **17**, 288 (1950).
[6] HAKANSSON, E. B., u. G. SJÖSTRÖM: Svenska Meijeritidn. **44**, 15 (1952).
[7] KIERMEIER, F., u. E. MEINL: Diese Z. **114**, 110 (1861).

wir die positive und negative Reaktion der einzelnen Milchenzyme zusammengefaßt und mit der Reaktion der sauren Phosphatase verglichen, die wir in Milch nachgewiesen haben, welche den in der Molkerei üblichen Erhitzungsverfahren unterworfen wurde.

Demnach wird die Aktivität der sauren Phosphatase durch die Dauer-, Kurzzeit- und Hocherhitzung nicht zerstört und überdauert sogar die Erhitzungsbedingungen der Rahmerhitzung und Uperisation. Die quantitativ erfaßbare Enzymreaktion in uperisierter Milch zeigt Tab. 2. Die untersuchte Milch war ungefähr einen Monat alt und stammte aus verschiedenen Produktionen einer Firma. Die Enzymaktivität von 5 weiteren Milchproben anderer Herkunft und verschiedenen Alters lag in derselben Größenordnung.

Tabelle 2. *Phosphataseaktivität in uperisierter Milch**

Reaktionszeit min	μg Phenol im Versuchsansatz bei den Milchproben Nr.				
	1	2	3	4	5
60	4,06	2,66	3,86	2,03	2,03
180	10,95	9,55	9,95	8,73	6,50

Die Meßwerte liegen, unter normalen Bedingungen bestimmt, gerade noch im möglichen Erfassungsbereich der Bestimmungsmethode (2 μg Phenol/Versuchsansatz[1]. Erhöht man aber die Reaktionszeit von Enzym und Substrat auf 2—3 Std, wird bereits soviel Phenol freigesetzt, daß es mit Sicherheit nachgewiesen werden kann. In Steril- und Kondensmilch dagegen konnte auch bei Erhöhung der Reaktionszeit kein aktives Enzym mehr gefunden werden.

Tabelle 3. *Aktivitätsverlust der sauren Phosphatase nach der Dauer-, Kurzzeit- und Hocherhitzung*

Erhitzungsart	Erhitzungsbedingungen		Aktivität der sauren Phosphatase		Restaktivität
	Zeit	Temperatur °C	vor dem Erhitzen in μg Phenol	nach dem Erhitzen in μg Phenol	in %
Dauererhitzung ...	30 min	62,5	45,5	38,6	85
Kurzzeiterhitzung ..	32 sec	72,0	43,5	36,6	84
Hocherhitzung	15 sec	85,0	72,7	58,9	81

Wie von HAKANSSON und SJÖSSTRÖM[2] angedeutet und Versuche unsererseits (vgl. Tab. 3) jedoch ergaben, trat bereits durch schonendes Pasteurisieren ein Aktivitätsverlust der sauren Phosphatase von rd. 15% ein, der sich unter den Bedingungen der Hocherhitzung auf 20% erhöhte. Die saure Phosphatase wird also trotz ihrer Unempfindlichkeit gegenüber hohen Temperaturen bereits durch Temperaturen um 60° C angegriffen. Da gerade molkereitechnisch der Temperaturbereich von 60—100° C von großem Interesse ist, haben wir das Verhalten des Enzyms in diesem Bereich etwas näher untersucht.

2. Inaktivierung im Temperaturbereich von 60—96° C

Um einen Gesamteindruck über die thermische Inaktivierung der sauren Phosphatase zu erlangen, führten wir mehrere Erhitzungsversuche durch, bei denen die

---
* Die Bestimmung der Phosphatasen erfolgte nach den in der I. Mitteilung[1] beschriebenen Untersuchungsmethoden. Als Phosphataseaktivität haben wir die Phenolmenge bezeichnet, die die saure bzw. alkalische Phosphatase in 1 ml Milch nach der Reaktionszeit von 1 min aus einer konstanten Dinatriumphenylphosphatkonzentration in Freiheit setzte.

[1] KIERMEIER, F., u. E. MEINL: Zit. S. 407, Anm. 7.
[2] HAKANSSON, E. B., u. G. SJÖSTRÖM: Zit. S. 407, Anm. 6.

Milch verschiedenen Temperaturen, aber nur einer, für jede Versuchsreihe von vornherein festgelegten Erhitzungsart unterworfen wurde. Als Erhitzungsapparatur stand uns der von KIERMEIER und KAYSER[1] entwickelte Laborerhitzer zur Verfügung. Dieser ermöglicht die Erhitzung von Milch unter kontinuierlicher, turbulenter Strömung in einer Schichtdicke von 2 mm, so daß eine gleichmäßige Erhitzung des Untersuchungsmaterials gewährleistet war. Da Temperatur und Heißhaltezeit bis zu 95°C und 100 sec beliebig variiert werden können, war es uns möglich, die Inaktivierung der sauren Phosphatase über den gesamten gewünschten Temperaturbereich zu verfolgen.

Unsere in Abb. 1 zusammengefaßten Inaktivierungskurven zeigen, daß die saure Phosphatase in dem gewählten Temperaturbereich zwar geschwächt, aber — auch

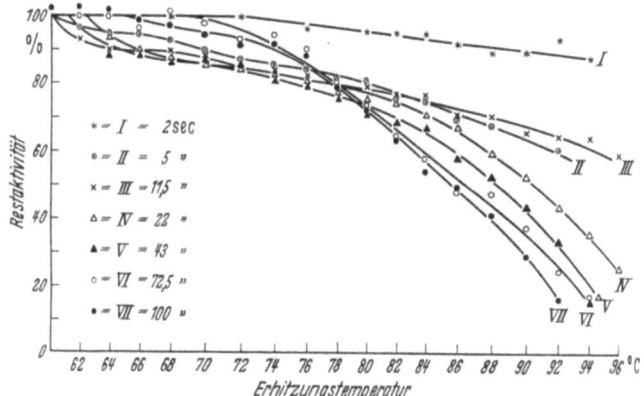

Abb. 1. *Inaktivierungskurven der sauren Milchphosphatase in dem Temperaturbereich von 60—96° C bei verschiedenen Heißhaltezeiten unter Verwendung des Laborerhitzers* *

bei einer Ausdehnung der Erhitzungszeit bis zu 100 sec — nicht vollkommen inaktiviert wird. Die Zerstörung des Enzyms erfolgt nur langsam und nimmt generell mit steigender Erhitzungstemperatur und Heißhaltezeit zu. Die Kinetik der Hitzeinaktivierung ist nicht einheitlich, sondern verändert sich mit der Dauer der Erhitzungsart.

3. Diskussion der Versuchsergebnisse

a) Verlauf der Inaktivierung bei verschiedenen Erhitzungszeiten

Bei Betrachtung der einzelnen Inaktivierungskurven fällt auf, daß Erhitzungszeiten bis zu 10 sec lediglich eine mit der Erhöhung der Temperatur zögernd und praktisch geradlinig verlaufende Abnahme der Enzymaktivität bewirken. Abgesehen von einer Erhitzungsdauer von 2 sec, bei der die Inaktivierung erst bei 74° C beginnt, setzt der thermische Effekt schon bei Temperaturen von 62° C ein.

Bei Erhitzungszeiten von 70 und mehr sec beginnt die Inaktivierung dagegen erst bei Temperaturen von 66—68° C, nimmt aber dann exponentiell mit der Temperatur zu, so daß der Inaktivierungsverlauf den von den alkalischen Milchphosphatase[2]

---

[1] KIERMEIER, F., u. CH. KAYSER: Int. Milchw. Kongr. **3**, 1716 (1959) und diese Z. **113**, 22, (1960).

* Als Restaktivität haben wir die Phosphataseaktivität der erhitzten Milch in %, bezogen auf die Aktivität der Rohmilch (= 100%) bezeichnet.

[2] BEVER VAN, A. K., u. J. STRAUB: Lait, **23**, 222 (1943).

und Lactoperoxydase[1] her bekannten, annähernd logistischen Inaktivierungskurven nahe kommt.

Bei mittleren Erhitzungszeiten treffen beide Inaktivierungseffekte zusammen. Die Inaktivierung setzt bereits bei 62° C verhältnismäßig stark ein und verläuft bis 80° C zögernd und fast geradlinig zur Temperaturerhöhung. Erst Temperaturen über 80° C bewirken eine stärkere Inaktivierung, die dann — wie bei den Erhitzungszeiten von mehr als 70 sec — ebenfalls exponentiell mit der Temperatur zunimmt.

b) Theorie der Hitzeinaktivierung

1. Verlauf der Inaktivierung in 2 Stufen.

Der unterschiedliche Verlauf der Inaktivierung in dem Temperaturbereich 60—96° C unter dem Einfluß von kurzen Heißhaltezeiten, läßt sich durch eine stufenweise Inaktivierung des Enzyms erklären, einen Vorgang, den KIERMEIER[2] bei der Inaktivierung der Peroxydase durch trockene Erhitzung aufzeigt.

In der ersten Stufe — dem zögernden Verlauf der Inaktivierung nach zu schließen in dem Temperaturbereich von 60 bis 80° C — reicht die zugeführte Wärmemenge nicht aus, um das Enzymprotein zu denaturieren, es wird mit steigender Temperatur nur mehr oder minder geschwächt. Erst dann, wenn ein bestimmter Grenzwert an zugeführter Wärmemenge erreicht ist, beginnt die zweite Stufe, die die eigentliche thermische Inaktivierung einleitet. Hier wird das Enzymprotein sofort denaturiert, und die Inaktivierung verläuft exponentiell mit der Temperatur. Da aber bereits 10—20% der Enzymaktivität gehemmt sind, geht sie von einer niedrigeren als der ursprünglich vorhandenen Enzymaktivität aus.

Für Erhitzungszeiten von 10—70 sec scheint diese für die eigentliche Inaktivierung notwendige Wärmemenge bei Temperaturen über 80° C erreicht zu sein.

Der in der ersten Stufe auftretende Aktivitätsverlust ist vermutlich nichts anderes als eine Blockierung — sei es durch Oxydation oder Abspaltung — von empfindlichen Aminosäuren mit SH-Gruppen, welche für die Enzymaktivität zwar mitverantwortlich, aber nicht essentiell sind. Hingewiesen sei hier nur auf die Arbeiten von KIERMEIER und HAMED[3] sowie von ZWEIG und BLOCK[4], die in demselben Temperaturbereich eine Veränderung der in Milch anwesenden SH-Gruppen nachweisen konnten.

Unter dem Einfluß von längeren Erhitzungszeiten als 70 sec tritt die sog. „Enzymhemmung" nicht auf, die thermische Inaktivierung setzt zwar merkwürdigerweise um einige Temperaturgrade später ein, verläuft aber dann gleich von Anfang an normal.

2. Vorhandensein einer zweiten hitzeempfindlicheren sauren Phosphatase.

Andererseits kann die unterschiedliche Inaktivierung bei kurzen Erhitzungszeiten natürlich auch auf die Anwesenheit zweier verschiedener hitzeempfindlicher saurer Phosphatasen zurückgeführt werden. JAQUET und SAINGT[5] haben ein solches Enzym in der Milch auch gefunden, aber festgestellt, daß es nicht immer nachweisbar ist.

Das Ferment soll, wenn es vorliegt, mengenmäßig in derselben Größenordnung wie die originäre saure Milchphosphatase sein. Wir haben aber in dem fraglichen

---

[1] KIERMEIER, F., u. CH. KAYSER: Zit. diese Z. **113**, 22 (1960).
[2] KIERMEIER, F.: Angew. Chem. **60**, 175 (1948).
[3] KIERMEIER, F., u. G. HAMED: unveröffentliche Versuche.
[4] ZWEIG, G., u. R. J. BLOCK: J. Dairy Sci. **36**, 427 (1953).
[5] JAQUET, J., u. O. SAINGT: C. R. Soc. Biol. (Paris **146**, 1515 (1952).

pH-Bereich von 5—6 keine nennenswerten, über die Genauigkeit der Methode hinausgehenden Unregelmäßigkeiten finden können. Deshalb neigen wir eher zu der Ansicht, daß — wenn überhaupt eine zweite saure Phosphatase in der Milch zugegen ist — sie von Mikroorganismen gebildet wird. Diese Mikroorganismenphosphatase könnte dann allerdings für die Unregelmäßigkeiten der Inaktivierung bei kurzen Erhitzungszeiten verantwortlich sein. SCHORMÜLLER[1] konnte nämlich in seinen Untersuchungen über die saure Phosphatase des Sauermilchkäses, die während der Käsereifung durch Mikroorganismen entsteht und ein pH-Optimum von 5,5—5,8 besitzt, eine bedeutend geringere Thermostabilität nachweisen. Nach seinen Untersuchungen wird das Enzym bei einer Erhitzungsdauer von 5 sec und einer Temperatur von 72 bzw. 85° C zu 88 bzw. 95% zerstört. Unerklärlich wäre dann zwar die Inaktivierung bei höheren Erhitzungstemperaturen, die, wie später gezeigt werden soll (vgl. Abschnitt 3c) den thermischen Gesetzmäßigkeiten gehorcht.

3. Erfassung von hitzeempfindlicher alkalischer Phosphatase mit der angewandten Bestimmungsmethode.

Die vor kurzem in der Literatur vertretene Ansicht[2], daß bei der Bestimmung von saurer Phosphatase in Rohmilch stets ein Teil der hitzeempfindlichen alkalischen Phosphatase mit erfaßt wird, erklärt unseres Erachtens die hier aufgezeigten Unregelmäßigkeiten bei der Hitzedenaturierung der sauren Phosphatase nicht. Abgesehen davon, daß sich — wie wir in einer früheren Mitteilung gezeigt haben[3] — der pH-Wirkungsbereich von saurer und alkalischer Phosphatase in der bei der Bestimmung der Aktivität der sauren Phosphatase eingestellten H^+-Konzentration nicht überschneidet, sind auch die Hitzedenaturierungskurven beider Enzyme nicht in Einklang zu bringen. Abb. 2 zeigt den Verlauf der Hitzeinaktivierung von alkalischer und saurer Phosphatase — ausgeführt unter annähernd gleichen Erhitzungsbedingungen in dem Laborerhitzer von KIERMEIER und KAYSER[4].

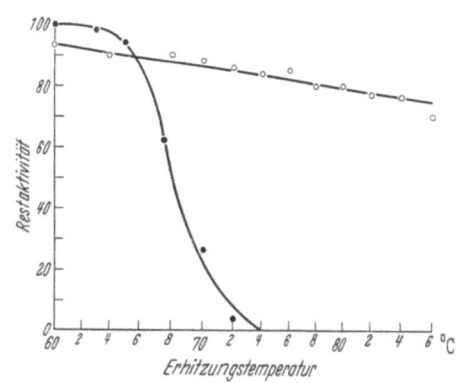

Abb. 2. *Inaktivierungskurven von saurer und alkalischer Phosphatase in dem Temperaturbereich von 60—84° C und einer Erhitzungsdauer von 11 bzw. 10 sec unter Verwendung des Laborerhitzers.* ○——○ saure Phosphatase, ●——● alkalische Phosphatase

Demnach wird die alkalische Phosphatase bei einer Erhitzungsdauer von 10 sec innerhalb des Temperaturbereichs von 65—72° C zu 95% zerstört. Die saure Phosphatase hatte jedoch bereits bei der Erhitzungstemperatur von 60° C 6% ihrer Aktivität eingebüßt und zeigte innerhalb des Temperaturbereichs von 65 bis 72° C keine, vom allgemeinen Inaktivierungsverlauf abweichenden Veränderungen.

c) Abhängigkeit des Inaktivierungsgrades von der Heißhaltezeit

Die unterschiedliche Inaktivierung der sauren Phosphatase in dem Temperaturbereich von 60—96° C wird auch durch Abb. 3 deutlich. Hier haben wir die in der

---
[1] SCHORMÜLLER, J., u. E. LAHMANN: Diese Z. **103**, 211 (1956).
[2] PASCHKE, B.: Milchwiss. **15**, 519 (1960).
[3] KIERMEIER, F., u. E. MEINL: Zit. S. 407, Anm. 7.
[4] KIERMEIER, F., u. CH. KAYSER: Zit. S. 409, Anm. 1.

Milch nach einer Erhitzung auf die Temperaturen von 70, 80 und 90° C, gefundene Enzymaktivität gegen die entsprechende Heißhaltezeit graphisch aufgetragen.

Normalerweise erfolgt die Abnahme der Enzymaktivität bei zunehmender Erhitzungszeit entsprechend den Gesetzen der Reaktionen I. Ordnung[1]. Folglich muß zwischen Inaktivierungsgrad und Erhitzungsdauer eine logarithmische Beziehung bestehen. Die Abb. 3 zeigt aber deutlich, daß der Inaktivierungseffekt bei einer Erhitzungstemperatur von 70 und 80° C *nicht* mit der Verlängerung der Erhitzungszeit zunimmt, sondern nach einer Erhitzungsdauer von ungefähr 40 sec entweder geringer wird oder konstant bleibt. Demnach tritt bei niedrigen Erhitzungszeiten und niedrigen Temperaturen eine der zugeführten Wärmemenge nicht entsprechende, starke Inaktivierung ein.

Erst bei Erhitzungstemperaturen von 90° C nimmt die Inaktivierung der sauren Phosphatase mit der Erhöhung der Erhitzungsdauer im Sinne einer Reaktion I. Ordnung zu. Die in Abb. 4 halblogarithmisch aufgetragene, geradlinige, gegensinnige Beziehung von Inaktivierungsgrad und Heißhaltezeit bei der Erhitzungstemperatur von 90° C konnte nach dem Verfahren von KOLLER[2] zu 99,73% statistisch gesichert werden (vgl. Tab. 6).

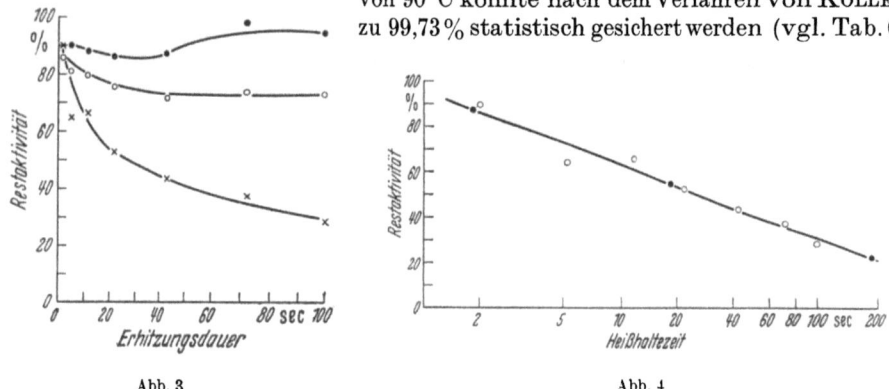

Abb. 3. Abb. 4.

Abb. 3. *Inaktivierung der sauren Phosphatase in Abhängigkeit von der Erhitzungsdauer der Milch bei den Erhitzungstemperaturen von 70, 80 und 90° C.* ●——● Inaktivierung bei 70° C, ○——○ Inaktivierung bei 80° C, ×——× Inaktivierung bei 90° C

Abb. 4. *Beziehung zwischen Restaktivität der sauren Milchphosphatase und der Erhitzungsdauer bei einer Erhitzungstemperatur von 90° C*

Die eingetretene Hitzeinaktivierung wurde nach der Beziehung:

$$k_{(T)} = \frac{1}{t} \cdot \ln \frac{a}{a-x} \quad \text{errechnet.}$$

In dieser Gleichung bedeuten k die Inaktivierungsgeschwindigkeitskonstante bei der Erhitzungstemp. von T, a die Anfangsaktivität der sauren Milchphosphatase ($= 100\%$) und $a-x$ die Enzymaktivität zur Zeit t. Die Reaktionsgeschwindigkeitskonstante für die Inaktivierung bei einer Erhitzungstemperatur von 90° C errechnet sich zu $k = 2{,}2 \cdot 10^{-2}$. Sie liegt in derselben Größenordnung wie die Reaktionsgeschwindigkeitskonstante für die Inaktivierung der Lactoperoxydase bei einer Erhitzungstemperatur von 76° C, die KIERMEIER und KAYSER unter denselben Erhitzungsbedingungen gefunden haben[3].

---

[1] BEVER, A. K. VAN: Enzymologia 11, 7 (1943).
[2] KOLLER, S.: Graphische Tafeln zur Beurteilung statistischer Zahlen. 3. Aufl. Darmstadt: Steinkopff 1953.
[3] KIERMEIER, F., u. CH. KAYSER: Zit. S. 410, Anm. 1.

d) *Beziehung zwischen Erhitzungstemperatur und Heißhaltezeit der Milch bei der Inaktivierung der sauren Phosphatase durch Temperaturen von 60—90° C*

Auf Grund der in den letzten Kapiteln aufgezeigten Unregelmäßigkeiten und der Tatsache, daß das Enzym im untersuchten Temperaturbereich nicht völlig inaktiviert wird, können an Hand der in Abb. 1 zusammengefaßten Inaktivierungskurven nur für den Bereich einer 30—70%igen Inaktivierung die für jeden Inaktivierungsgrad zusammengehörigen Erhitzungszeiten und -temperaturen entnommen werden. In diesem Bereich geben die Erhitzungsbedingungen, halblogarithmisch aufgetragen, eine gegensinnige, geradlinige Beziehung, d. h. hier ist der Inaktivierungsgrad von einer bestimmten Heißhaltezeit *und* einer bestimmten Erhitzungstemperatur abhängig. Für eine 60 und 40 %ige Inaktivierung haben wir diese Beziehung nach dem Verfahren von KOLLER[1] zu 99,73 % statistisch sichern können. In Abb. 5 ist sie graphisch wiedergegeben.

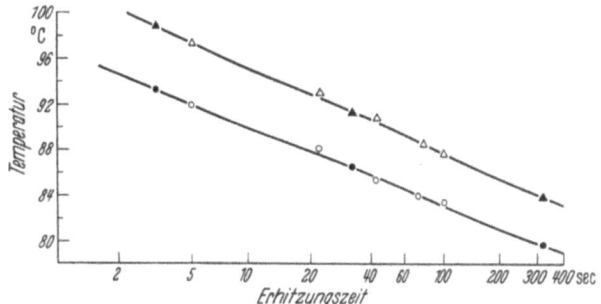

Abb. 5. *Beziehung zwischen Erhitzungstemperatur und Heißhaltezeit der Milch bei 40- und 60%iger Inaktivierung der sauren Milchphosphatase unter Verwendung des Laborerhitzers.* △——△ empirisch gefundene Werte, ▲——▲ berechnete Kurve: für eine Inaktivierung von 60%; ○——○ empirisch gefundene Werte, ●——● berechnete Kurve: für eine Inaktivierung von 40%

Für den gewählten Temperaturbereich trifft bei einer Inaktivierung der sauren Phosphatase von weniger als 30% die in der Abb. 5 aufgezeigte Abhängigkeit nicht zu, da das Enzym nicht gemäß der Gleichung von ARRHENIUS[2] exponentiell mit der Temperatur, sondern nur unregelmäßig und in einem der zugeführten Wärmemenge *nicht* entsprechenden Ausmaß inaktiviert wird. Diese Unregelmäßigkeiten wurden jedoch nur bei niederen Erhitzungszeiten und niederen Temperaturen beobachtet. Deshalb ist anzunehmen, daß die Inaktivierung der sauren Milchphosphatase in einem höheren Temperaturbereich auch bei einem niedrigeren Inaktivierungsgrad als 30% exponentiell mit der Temperatur verläuft und ebenfalls von der Heißhaltezeit abhängig ist.

Aus dem Verlauf der Inaktivierungsgeraden in Abb. 5 ist zu entnehmen, daß die saure Milchphosphatase zu 60% inaktiviert ist, wenn die Milch

2,3 sec auf eine Temperatur von 100° C oder
10,0 sec auf eine Temperatur von 95° C oder
46,0 sec auf eine Temperatur von 90° C erhitzt wird.

Ein höherer Inaktivierungsgrad als 70% ist unter den gewählten Erhitzungsbedingungen nicht oder nur durch Erhitzungszeiten über 70 sec möglich. Will man ihn erreichen, müssen härtere Erhitzungsbedingungen gewählt werden. Mit der uns zur Verfügung stehenden Erhitzungsapparatur waren diese Bedingungen technisch nicht durchführbar, da sich die Milch bereits bei Anwendung von Temperaturen über 90° C und längeren Erhitzungszeiten leicht am Silberrohr der Apparatur festsetzt und anbrennt, so daß die thermische Inaktivierung nicht mehr exakt verfolgt werden kann.

---
[1] KOLLER, S.: Zit. S. 412, Anm. 2.
[2] SIZER, I. W.: Advanc. Enzymol. **3**, 34 (1943).

4. Praktische Folgerungen für die Milchwirtschaft

Für die milchwissenschaftliche Analytik kann die Thermostabilität der sauren Milchphosphatase von Bedeutung werden. Nach der Tab. 1 überdauert die saure Phosphatase sogar die Erhitzungsbedingungen der Uperisation, eines Erhitzungsverfahrens, bei dem die Milch für den Bruchteil einer Sekunde Temperaturen bis zu 150° C und mehr unterworfen wird. Die Enzymaktivität wird zwar nach dieser Behandlung stark geschwächt, kann aber noch mit Sicherheit nachgewiesen werden, vor allem dann, wenn bei der Bestimmung des aktiven Enzymanteils in der Milch die Reaktion von Substrat und Enzym verlängert wird. In Steril- und Kondensmilch dagegen war keine Enzymaktivität an saurer Phosphatase mehr nachzuweisen.

Sollte sich nun das in Deutschland vorläufig nur probeweise zugelassene Uperisationsverfahren bewähren, wäre mit Hilfe der sauren Phosphataseprobe eine Möglichkeit gegeben, die Dauermilcharten „uperisierte" und „sterilisierte" Milch voneinander zu unterscheiden. Die Sicherheit des Nachweises würde jedoch weitere Erhitzungsversuche in einem höheren Temperaturbereich mit sehr kurzen Erhitzungszeiten verlangen.

Experimenteller Teil

1. Versuchsanordnung

a) Erhitzungsapparatur

Für die Untersuchungen über die Temperaturempfindlichkeit der sauren Phosphatase stand uns der von KIERMEIER und KAYSER entwickelte Laborerhitzer zur Verfügung*. Mit Hilfe dieser Apparatur kann sowohl die Kurzzeiterhitzung wie die Hocherhitzung in der Milch unter praxisgleichen Bedingungen ausgeführt werden. Darüber hinaus ermöglicht sie eine weitgehende Variation von Erhitzungstemperatur und Durchlaufgeschwindigkeit in einer Versuchsreihe ohne Unterbrechung ihrer kontinuierlichen Arbeitsweise**.

b) Ausgangsmaterial

Zu jeder Versuchsreihe benötigen wir 4—6 l Milch. Sie stammte von bang- und tbc-freien Kühen und wurde den entsprechenden Milchkannen aus der Anlieferungsmilch der Staatlichen Molkerei Weihenstephan am Versuchstag entnommen und bis zu Versuchsbeginn im Eisschrank aufbewahrt. Die Milch wurde vor und nach der Erhitzung im Dunkeln aufbewahrt und die Erhitzung selbst im halbabgedunkelten Raum durchgeführt.

c) Bestimmung der sauren Phosphatase

Die Phosphatasebestimmung erfolgte nach der in der I. Mitteilung[1] beschriebenen Arbeitsweise jeweils am Ende einer Versuchsreihe. Alle erhaltenen Werte rechneten wir auf % Restaktivität — bezogen auf Rohmilch = 100 — um.

2. Erhitzungsversuche

a) Inaktivierung unter den Bedingungen der Hocherhitzung

Die Inaktivierung der sauren Phosphatase unter den Bedingungen der Hocherhitzung verfolgten wir sowohl an Hand der Laboratoriumsapparatur wie mit 2 Hocherhitzern aus der Praxis. Zur Verfügung stand das Prüfgerät Nr. 159 der Fa. Ahlborn und ein Testerhitzer von PLOCK und WÄLZHOLZ[2], der als Vergleichserhitzer bei der Zulassung von Pasteurisierungsapparaten verwendet wird. Die Versuche führten wir an einem Tag mit Anlieferungsmilch der Staatsmolkerei

---

* Zur genauen Beschreibung und Arbeitsweise der Erhitzungsapparatur verweisen wir auf die Arbeiten von KIERMEIER, F., u. CH. KAYSER: Zit. S. 409, Anm. 1.
** An dieser Stelle sei Frl. Dr. KAYSER für die liebenswürdige Einführung in den Mechanismus der Erhitzungsapparatur und für die Unterstützung bei der Durchführung der einzelnen Versuche gedankt.

[1] KIERMEIER, F., u. E. MEINL: Zit. S. 407, Anm. 7.
[2] PLOCK, K., u. G. WÄLZHOLZ: Molkerei-Ztg. (Hildesheim) **50**, 1776, 1835, 1861 (1936).

Weihenstephan durch und variierten die Erhitzungstemperatur von 82—87° C. Bei dem Gerät der Fa. Ahlborn entnehmen wir die Proben an zwei Stellen, einmal direkt nach dem Erhitzungsabteil, das andere Mal nach dem Austauscher. Zwischen Erhitzer und Austauscher befand sich außerhalb des Gerätes ein 1,8 m langes Rohr, in dem die Milch die Erhitzungstemperatur von 85° C beibehält, so daß die nach dem Austauscher entnommene Milch einer zusätzlichen Heißhaltezeit von 8 sec ausgesetzt war. Den Verlauf der Inaktivierung in den verschiedenen Erhitzertypen haben wir in Tab. 4 zusammengestellt.

Tabelle 4. *Inaktivierung der sauren Milchphosphatase unter den Bedingungen der Hocherhitzung bei Verwendung verschiedener Erhitzungsapparaturen*

Erhitzungstemperatur	Restaktivität der sauren Phosphatase bezogen auf Rohmilch = 100% nach Erhitzung mit den Erhitzern:			
	Prüfgerät [Anheizzeit 15 sec, Heißhaltezeit 15 sec]		*Testerhitzer* [Anheiz- und Heißhaltezeit insg. 24 sec]	*Laborerhitzer* [Anheizzeit 21 sec, Heißhaltezeit 4 sec]
°C	nach Erhitzer %	nach Austauscher %	Austauscher und Erhitzer nicht getrennt %	%
82	85,0	84,5	84,5	86,0
83	86,5	86,0	84,0	80,0
84	86,0	82,5	86,5	82,5
85	82,0	78,5	83,0	77,0
86	81,5	77,0	82,5	76,5
87	77,0	73,5	79,5	78,0

Aus den Versuchsergebnissen (Tab. 4) ist zu entnehmen, daß die Hitzeinaktivierung unter den Bedingungen der Hocherhitzung nur zögernd verläuft. Der Aktivitätsverlust betrug bei allen verwendeten Erhitzertypen bei der Anfangstemperatur von 82° C 14—15% und bei der Endtemperatur von 87° C nicht mehr als 23% der in der Rohmilch ursprünglich vorhandenen Enzymaktivität. Die bereits nach dem Erhitzer (Prüfgerät) entnommenen Proben besaßen in der Regel eine höhere Restaktivität als die nach dem Austauscher entnommenen, woraus geschlossen werden kann, daß neben steigender Temperatur auch die Dauer der Heißhaltezeit von Einfluß auf den Inaktivierungseffekt ist und mit steigender Heißhaltezeit zunimmt. Die bei den einzelnen Erhitzertypen beobachteten Schwankungen im Enzymverlust sind in Anbetracht des geringen Inaktivierungsgrades von rd. 20% nicht als Unterschied zu werten. Aus der zögernden Abnahme der Enzymaktivität bei einer Erhitzungsdauer von 15 sec geht hervor, daß die Inaktivierungszeit um eine Zehnerpotenz erhöht werden kann, ohne daß eine zu schnelle Inaktivierung des Enzyms eintritt.

b) Inaktivierung unter verschiedenen Temperatur- und Zeitbedingungen im Temperaturbereich von 60—100°C.

Um den gleichmäßigen Einfluß von Erhitzungszeit und -temperatur auf die Aktivität der sauren Phosphatase eingehender zu beobachten, führten wir im Laborerhitzer mehrere Erhitzungsversuche durch, bei denen stets die Heißhaltezeit konstant und die Temperatur innerhalb einer Versuchsreihe um je 2° C variiert wurde. Das Mittel aus den Versuchsreihen mit annähernd gleicher Erhitzungsdauer wurde errechnet, daraus resultierte der in Abb. 1 wiedergegebene Inaktivierungsverlauf. Eine Berechnung des gesamten Inaktivierungsverlaufs mußte wegen der unvollständigen Zerstörung des Enzyms unterbleiben. Aus denselben Gründen nahmen wir von der Berechnung der Inaktivierungsgeschwindigkeitskonstanten und des Temperaturkoeffizienten (Q_{10}) wie der daraus ableitbaren Aktivierungsenergie Abstand.

Die für eine 60- und 40%ige Inaktivierung der sauren Milchphosphatase zusammengehörenden Temperatur- und Zeitbedingungen sind in Tabelle 5 zusammengestellt. Die unter diesen Bedingungen ermittelten Erhitzungstemperaturen ergeben in Abhängigkeit vom Logarithmus der dazu gehörigen Heißhaltezeit eine geradlinige Beziehung, die nach dem Verfahren von KOLLER an Hand des Korrelationskoeffizienten statistisch gesichert werden konnte. Auch die in Abb. 4 wiedergegebene geradlinige Beziehung von Erhitzungszeit (log) und Restaktivität war statistisch zu sichern (Tab. 6). Die Richtungskoeffizienten (R) der in Abb. 5 wiedergegebenen Geraden berechneten sich für die 60%ige Inaktivierung zu $R = -7,52$; für die 40%ige Inaktivierung zu $R = -6,76$ (beide Abb. 5) und für die Gerade der Abb. 4 zu $R = -32,6$.

Tabelle 5. *Temperatur und Zeitbedingungen für eine 60- und 40%ige Inaktivierung der sauren Milchphosphatase*[1]

Versuchs-Nr.	Versuchsbedingungen				Aus Abb. 10 graphisch ermittelte Erhitzungstemperatur für	
	Temperaturbereich von — bis °C	Anheizzeit sec	Heißhaltezeit bei den		60%ige	40%ige
			Einzelversuchen sec	gemittelten Versuchen sec	Inaktivierung	
					°C	°C
1	68—94	10	2	2	—	—
2	64—96	10	5	5	97,2	91,9
3	62—92	8	5			
4	70—92	12	10	11,5	—	—
5	60—95	20	13			
6	64—94	12	20	22	92,9	88,0
7	66—96	30	24			
8	64—92	12	40	43	90,6	85,3
9	66—94	30	46			
10	60—94	20	70	72,5	88,4	84,0
11	60—94	30	75			
12	60—92	35	100	100	87,6	83,4

Tabelle 6. *Korrelationskoeffizient r zwischen Erhitzungstemperatur und Heißhaltezeit (A) sowie zwischen Heißhaltezeit und Restaktivität (B)*

	Korrelationskoeffizient r		
	zwischen A für		zwischen B für Erhitzungstemperatur von 90° C
	60%ige	40%ige	
	Inaktivierung		
experimentell gefunden	—0,998	—0,995	—0,980
zur statistischen Sicherheit von 99,73% theoretisch gefordert*	±0,983	±0,983	±0,927

Zusammenfassung

Mit Hilfe eines Laborerhitzers, der eine weitgehende Variation von Erhitzungszeit und Erhitzungstemperatur erlaubt, wurde die Hitzeinaktivierung der sauren Phosphatase in dem Temperaturbereich von 60—95° C verfolgt. Dabei wurde festgestellt, daß das Enzym in dem untersuchten Temperaturbereich auch durch Erhitzungszeiten von 100 sec nicht völlig inaktiviert, aber bereits von Erhitzungstemperaturen von über 60° C angegriffen wird. Die Kinetik der Hitzeinaktivierung war nicht einheitlich und es wurde versucht, die Unregelmäßigkeiten zu erklären. Eine geradlinige Beziehung zwischen Erhitzungstemperatur und dem Logarithmus der Heißhaltezeit konnte unter den gegebenen Zeit- und Temperaturbedingungen nur innerhalb einer 30—70%igen Inaktivierung gefunden werden. Bei einer geringeren Inaktivierung als 30% entsprach der Inaktivierungsgrad des Enzyms nicht der zugeführten Wärmemenge, während für einen höheren Inaktivierungsgrad schärfere Erhitzungsbedingungen als die verwendete Erhitzungsapparatur zuließ, notwendig sind.

---

* Diese Werte wurden den graphischen Tafeln zur Beurteilung statistischer Zahlen von KOLLER[2] entnommen.
[1] Die bei den einzelnen Versuchen erhaltenen Ergebnisse vgl. E. MEINL: Zit. S. 407, Anm. *.
[2] KOLLER, S.: Zit. S. 412, Anm. 2.

Zur Kenntnis der Milchphosphatasen

IV. Mitteilung

Über Regenerationserscheinungen der alkalischen Phosphatasen in Kuhmilch

Von

FRIEDRICH KIERMEIER und ELFIE MEINL*

Mitteilung aus dem Milchwirtschaftlichen Institut der Technischen Hochschule München in Weihenstephan

(Eingegangen am 10. Januar 1961)

Bis vor 10 Jahren galt der negative Phosphatasetest für Milchprodukte, die Kurzzeit- oder höher erhitzt wurden, als eindeutiger Nachweis für eine einmal stattgefundene ausreichende Erhitzung. In letzter Zeit aber wurde in der Literatur mehr und mehr von positiven Phosphatasereaktionen berichtet[1,2,3], die in einwandfrei erhitzten Milchprodukten nach einer gewissen Lagerzeit aufgetreten waren[4,5,6,7]. Da dieses Phänomen zuerst in gelagerten Rahm- und Butterproben beobachtet wurde, nahm man zunächst an, daß die positive Reaktion durch Bakterienwachstum und damit verbundener Phosphataseproduktion eingetreten sei[1,8,9]. Dem standen jedoch viele mikrobiologisch bei weitem nicht so stark veränderte positive Rahmproben gegenüber, deren Phosphatasereaktion nicht auf die Produktion von Mikroorganismenphosphatase zurückgeführt werden konnte[10]. WILEY[2,3] und später POSTHUMUS[5] vertraten daher die Ansicht, daß die Phosphatase in fetthaltigen Produkten durch die kurzfristige Erhitzung nicht ganz zerstört wird, sondern zum Teil an das Fett gebunden bleibt, wodurch die Phosphatasereaktion direkt nach der Erhitzung

---

* Die Arbeit stellt einen Auszug aus der Dissertation von E. MEINL dar: Über Vorkommen und Eigenschaften der Phosphatase in Kuhmilch, Techn. Hochschule München 1960.

[1] BARBER, R. W., u. C. W. FRAZIER: J. Dairy Sci. **26**, 343 (1943).
[2] WILEY, W. J.: New Zealand J. Sci. Technol. **22**, 42 A (1940).
[3] WILEY, W. J., F. S. J. NEWMAN u. H. R. WHITEHHEAD: Counc. Sci. u. Industr. Res. **14**, 121 (1941).
[4] EDDLEMAN, T. L., u. F. J. BABEL: J. Milk. Food. Tech. **21**, 126 (1958).
[5] POSTHUMUS, G.: Off. Org. K. Ned. Zuiveldtijdskr. **48**, 660 (1956).
[6] RITTER, W.: Int. Milchw. Kongr. **3**, 1014 (1953).
[7] SIEGENTHALER, E.: Mitt. Lebensmitt.-Untersuch. Hyg. **45**, 84 (1954).
[8] LEAHY, H. W., L. A. SANDHOLZER u. M. R. WOODSIDE: J. Milk. Food. Techn. **3**, 183 (1940).
[9] NAEVE, F. K.: J. Dairy Res. **10**, 475 (1939).
[10] FRAHM, H.: J. Dairy Sci. **40**, 19 (1957).

negativ ausfällt. Während der Lagerung sollte sich dann diese Phosphatase-Fett-Bindung allmählich lösen und das Enzym in das Milchserum diffundieren, in dem es dann mit dem Phosphatasetest wieder erfaßt werden kann[1].

Als aber CLEGG[2] und PROCTER[3] die Wiederkehr der Phosphataseprobe auch in Steril- und uperisierter Milch entdeckten, waren diese Hypothesen praktisch untragbar geworden, weil in jenen Milchsorten weder ein Mikroorganismenwachstum noch ein erhöhter Fettgehalt vorliegt. FUCHS[1] bewies schließlich die Identität des reaktivierten Enzyms mit der originären Milchphosphatase und deutete die Wiederkehr der Phosphataseprobe als eine Regenerationserscheinung des Enzyms. Die Untersuchungen von WRIGHT und TRAMER[4, 5, 6] bestätigten dann auch, daß die alkalische Phosphatase ähnlich wie die Lactoperoxydase nach erfolgter Hitzebehandlung zu regenerieren vermag. Die Regeneration der alkalischen Phosphatase tritt nach Ansicht dieser Autoren dann ein, wenn die stattgefundene Erhitzung derartig kurzfristig ist, daß das Enzymprotein nur reversibel denaturiert wird. Die eigentliche Regeneration der Enzymaktivität kommt aber nur durch die während der Erhitzung in Milch gebildeten reduzierenden Substanzen zustande, die befähigt sind, das Enzym zu reaktivieren — sei es durch Reaktivierung von Co- oder Apoenzym oder einer für die Aktivität notwendigen essentiellen Bindung zwischen diesen beiden Enzymen.

Damit wäre das Phänomen erklärt, daß die Regeneration gerade in Rahm — der nach der Erhitzung viele reduzierende Bestandteile enthält — und in uperisierter Milch — die praktisch nur eine Temperatur-Schockwirkung erleidet — so stark und häufig zu beobachten ist.

1. Temperatur- und Lagerbedingungen für eine Regeneration

Systematische Untersuchungen über die Regeneration der alkalischen Phosphatase in Milch oder Milchprodukten sind uns durch WRIGHT und TRAMER[4, 5, 6] sowie FRAHM[7] bekannt. Beide Autoren bestätigen, daß eine Regeneration unabhängig vom Fettgehalt des Milchproduktes stattfindet, durch erhöhten Fettgehalt aber gefördert wird. So konnte in Magermilch eine Regeneration erst nach einer Erhitzung von 100° C und nach einer Lagerzeit von 18 Std bei der Lagertemperatur von 30° C beobachtet werden, während in Rahm schon nach einer Erhitzung von 74° C innerhalb 2 Std eine deutliche positive Reaktion eintrat. Ebenso unabhängig erfolgt die Regeneration vom Mikroorganismenwachstum, deren Phosphatasen genau wie die originäre Milchphosphatase zu regenerieren vermögen[4].

Allgemein regeneriert die alkalische Phosphatase, wenn die Milch kurzfristig auf Temperaturen von 71—174° C erhitzt und anschließend Lagertemperaturen von 18—40° C ausgesetzt war, wobei eine Erhitzungstemperatur von 135—140° C und eine Lagertemperatur von 30° C als optimal angesehen wird[8, 9, 10]. Die Regeneration nimmt dabei mit steigender Erhitzungstemperatur und fallender Erhitzungszeit zu. Die Temperatur- und Zeitbedingungen, bei denen noch eine Wiederkehr der Phospha-

---

[1] FUCHS, A.: Int. Milchw. Kongr. 3, 1018 (1953).
[2] CLEGG, L. F., u. K. L. LOMAX: J. Dairy Tech. 1, 245 (1948).
[3] PROCTER, F.: The Dairyman 66, 495 (1949).
[4] WRIGHT, R. C., u. J. TRAMER: J. Dairy Res. 20, 177 u. 258 (1953), 21, 37 (1954).
[5] WRIGHT, R. C., u. J. TRAMER: J. Dairy Res. 23, 248 (1956).
[6] WRIGHT, R. C.: Int. Milchw. Kongr. 3, 717 (1956).
[7] FRAHM, H.: Zit. S. 481, Anm. 10.
[8] POSTHUMUS, G.: Zit. S. 481, Anm. 5.
[9] REINER, J. M., K. K. TSUBOI u. P. B. HUDSON: Arch. Biochem. 56, 165 (1955).
[10] RITTER, W.: Milchwiss. 7, 301 (1952).

taseaktivität eintreten kann, fallen mit denen des negativen Trübungstests von ASCHAFFENBURG[1], welcher die vollkommene Denaturierung des Milchproteins anzeigt, zusammen[2], die untere Grenze für eine Regeneration der alkalischen Phosphatase liegt zwischen den Bedingungen der Kurzzeit- und Dauererhitzung. Nach der Dauererhitzung konnte niemals eine Regeneration der Phosphatase beobachtet werden. Auch nach Erhitzungstemperaturen von 71—85° C ist eine Regeneration fraglich. In diesem Temperaturbereich kann die Wiederkehr der Phosphatasereaktion durch Kühlung der Milch direkt vor oder nach dem Erhitzen noch völlig verhindert werden. Mit der Erhöhung der Erhitzungstemperatur nimmt dieser Einfluß immer mehr ab, und nach Behandlung der Milch auf Erhitzungstemperaturen über 100 °C ist er nicht mehr nachweisbar. Von positivem Einfluß dagegen ist die Anwesenheit reduzierender Bestandteile in der Milch und eine Erhitzung in Gegenwart von Stickstoff unter Luftabschluß. Magnesium, Zink und Mangan aktivieren die Regeneration, Kupfer, Nickel und Cobalt hemmen sie[3, 4].

Für die deutsche Molkereipraxis bedeutet diese Regenerationsfähigkeit der Phosphatase, daß in kurzzeiterhitzter Milch eine positive Phosphatasereaktion auftreten kann, wenn die Milch im warmen Zustand pasteurisiert und anschließend sofort bei warmen Temperaturen gelagert wird. Da dies bei der heutigen Molkereitechnik praktisch ausgeschlossen ist —nach dem deutschen Milchgesetz[5] muß die Milch direkt nach der Erhitzung auf Temperaturen von mindestens 4—5° C gekühlt werden — ist die Möglichkeit nur theoretisch, und es kann mit Sicherheit angenommen werden, daß in kurzzeiterhitzter Milch keine positive Phosphatasereaktion mehr eintritt. Der Nachweis einer einmal stattgefundenen Kurzzeiterhitzung in *Milch* mit Hilfe der Phosphataseprobe wird demnach durch die Regenerationsfähigkeit des Enzyms nicht geschmälert. In Zweifelsfällen sollte jedoch überprüft werden, unter welchen Bedingungen die Milch erhitzt und anschließend gelagert wurde.

Anders liegt der Fall bei der Hocherhitzung. Hier werden Temperaturen von 85° C und Erhitzungszeiten von 8—15 sec angewendet, Zeit und Temperaturbedingungen, bei denen die Vorkühlung der Milch weniger Einfluß auf die Stärke der Regeneration besitzt als bei 71° C.

PASCHKE[6] konnte zwar in hocherhitzter Milch keine Regeneration der alkalischen Phosphatase feststellen und FRAHM[2] in Vollmilch erst durch Erhitzungstemperaturen über 90° C. WRIGHT und TRAMER[4, 7] dagegen beschreiben, daß die Regeneration bereits durch Temperaturen ab 85° C mit Sicherheit eintritt. Wir haben nun versucht zu klären, ob und unter welchen Bedingungen mit einer Regeneration der alkalischen Phosphatase in dem für die Hocherhitzung in Frage kommenden Temperaturbereich zu rechnen ist.

2. Abhängigkeit der Regeneration von der Erhitzungsdauer bei 80—90° C

Da die Regeneration der alkalischen Phosphatase in Milch sowohl von Erhitzungszeit und -temperatur beeinflußt wird, untersuchten wir zunächst, bei welchen Erhitzungszeiten eine Regeneration der alkalischen Phosphatase in dem gewünschten Temperaturbereich auftreten kann. Unsere Versuche führten wir mit Milch durch,

---

[1] ASCHAFFENBURG, R.: 147 Month. Bull. Minist. Health Lab. Serv. London 6, 159 (1947).
[2] FRAHM, H.: Zit. S. 481, Anm. 10.
[3] FUCHS, A.: Zit. S. 481, Anm. 1.
[4] WRIGHT, R. C.: Zit. S. 482, Anm. 6.
[5] Deutsches Milchgesetz § 1 Abs. 3 Nr. 2 b u. § 23 d. AV Art. 21 u. 30.
[6] PASCHKE, B.: Milchwiss. 7, 3 (1952).
[7] WRIGHT, R. C., u. J. TRAMER: Zit. S. 482, Anm. 5.

die wir in dem Laborerhitzer von KIERMEIER und KAYSER[1] verschieden lang erhitzten und anschließend bei Zimmertemperatur lagerten. Alle Milchproben waren sofort nach der Erhitzung einwandfrei phosphatasenegativ und wurden bis zu 48 Std sowohl qualitativ wie quantitativ auf eine Wiederkehr der Phosphatasereaktion überprüft (vgl. S. 486). Dabei konnten wir feststellen, daß in dem untersuchten Temperaturbereich mit einer Regeneration der alkalischen Phosphatase nur dann zu rechnen ist, wenn Erhitzungszeiten von weniger als 10 sec gewählt werden.

Bei einer Erhitzungsdauer von 8 sec war nach 4 Std Lagerzeit in allen Proben eine Wiederkehr der Phosphatasereaktion zu beobachten, die bis zu 8 Std noch qualitativ nachweisbar war. In der auf 90° C erhitzten Milchprobe war dabei die Regeneration am stärksten. Eine Verlängerung der Erhitzungsdauer auf 10 sec verursachte bereits eine unregelmäßig und sehr schwach auftretende Regeneration. Sie konnte qualitativ nicht mehr erfaßt werden und ging bei der quantitativen Bestimmung praktisch nicht über den Fehlerbereich der Methode hinaus.

Tabelle 1. *Regeneration der alkalischen Phosphatase nach Erhitzung auf Temperaturen von 75—93° C bei verschiedener Erhitzungsdauer*

Lagerzeit Std	Wiederkehr der Phosphataseaktivität in Milch nach der Erhitzungszeit und Erhitzungstemperatur von										
	8 sec			10 sec				40 sec			
	80° C	85° C	90° C	80° C	85° C	90° C	93° C	75° C	80° C	85° C	90° C
0	—	—	—	—	—	—	—	—	—	—	—
4	+	+	+	—	(+)	—	—	+	—	—	—
8	+	(+)	+	(+)	—	—	—	—	—	—	—
24	+	—	+	—	—	(+)	—	—	—	—	—
48	—	—	+	—	—	—	(+)	—	—	—	—

— = negative Reaktion qualitativ und quantitativ nachweisbar
+ = positive Reaktion qualitativ und quantitativ nachweisbar
(+) = positive Reaktion nur quantitativ erfaßbar

Bei der Erhitzungszeit von 40 sec war dagegen weder qualitativ noch quantitativ eine Regeneration zu beobachten. Nur bei der Erhitzungszeit von 75° C war nach einer Lagerzeit von 4 Std eine Wiederkehr der Phosphatasereaktion festzustellen, die in der Milch aber nicht erhalten blieb. Der Einfluß der Erhitzungszeit ist demnach stärker als der der Erhitzungstemperatur, welcher sich lediglich in dem Versuch bei einer Heißhaltezeit von 8 sec durch die Beständigkeit der Regeneration bemerkbar machte. Damit sind unsere Untersuchungsergebnisse mit denen von FRAHM[2] in Einklang zu bringen, der in Rahm beobachtete, daß die Erhitzungsart für die Stärke der Regeneration von größerer Bedeutung ist als die Erhitzungstemperatur.

Die Zunahme der Regeneration durch Verkürzung der Erhitzungszeit wird auch durch die in der Zwischenzeit von VENTURI[3] veröffentlichte Arbeit erhärtet, der im selben Temperaturbereich bereits bei Erhitzungszeiten von 4 sec eine deutliche Regeneration der alkalischen Phosphatase feststellte. Unerklärlich dagegen ist das sprunghafte Auftreten der Regeneration in den auf 10 sec erhitzten Milchproben, da die einmal eingetretene Regeneration üblicherweise auch bei längerer Lagerdauer bestehen bleibt.

---

[1] KIERMEIER, F., u. CH. KAYSER: Int. Milchw. Kongr. **3**, 1823 (1959), sowie diese Z., **113**, 22 (1960).
[2] FRAHM, H.: Zit. S. 481, Anm. 10.
[3] VENTURI, R.: Latte **32**, 319 (1958).

3. Abhängigkeit der Regeneration von der Lagertemperatur in hocherhitzter Milch

Neben Erhitzungstemperatur und Erhitzungszeit ist die anschließende Lagertemperatur der Milch für das Auftreten der Regeneration verantwortlich. Da wir im vorgehenden Versuch die Wiederkehr der Phosphataseprobe in den unter den Bedingungen der Hocherhitzung behandelten Proben nicht eindeutig feststellen konnten, prüften wir sowohl eine im Laborerhitzer (Versuch 1) wie in der Molkerei (Versuch 2) hocherhitze Milch auf die Wiederkehr der Phosphatasereaktion. Gleichlaufend führten wir denselben Versuch mit einer Milch durch, die wir auf 90° C erhitzten (Tab. 2).

Wie aus der Tab. 2 ersichtlich, war bei erhöhten Lagertemperaturen sowohl in hocherhitzter wie in auf 90° C erhitzer Milch nach 24 Std eine Wiederkehr der Phosphatasereaktion zu beobachten, die in der Regel sogar noch nach 72 Std nachzuweisen war. Bei einer Lagertemperatur von 2° C dagegen, konnten wir keine positive Phosphatasereaktion mehr finden. Der Temperaturunterschied von 20 und 37° C verursachte wie erwartet keine bedeutende Steigerung der Phosphataseaktivität, da der für die Regeneration günstige Temperaturbereich zwischen 18—40° C liegt und bereits bei 30° C seine optimale Wirkung besitzt. Von Einfluß war allerdings die Erhitzungsart. In den aus der Molkerei entnommenen Proben war die Regeneration allgemein schwächer. Wir führen dies auf die Beobachtungen von WRIGHT und TRAMER[1] zurück, daß die Vorkühlung der Milch bei niederen Erhitzungstemperaturen eine Verminderung der Regeneration verursacht; die der Molkerei entnommene Milch wurde nämlich vor der Pasteurisierung kühl gelagert, während wir die für den Laborerhitzer verwendete Milch direkt den Milchanlieferungskannen entnahmen.

Tabelle 2. *Wiederkehr der Phosphataseaktivität nach Erhitzung auf 85 und 90° C (10 sec) bei verschiedenen Lagertemperaturen*

Versuch Nr.	Lagerzeit Std	Wiederkehr der Phosphataseaktivität nach den Erhitzungsbedingungen und der Lagertemperatur von					
		85° C/10 sec			90° C/10 sec		
		2° C	20° C	37° C	2° C	20° C	37° C
1	0	—	—	—	—	—	—
	8	—	—	—	—	—	—
	24	—	(+)	+	—	+	+
	48	—	+	+	—	+	(+)
	72	—	—	+	—	(+)	(+)
2	0	—	—	—	—	—	—
	24	—	+	(+)	—	(+)	(+)
	48	—	—	(+)	—	—	—

In Deutschland ist für die Hocherhitzung nur die Erhitzungstemperatur von 85° C genau festgesetzt. Von der Erhitzungszeit wird lediglich verlangt, daß sie momentan eintritt, nach den zur Zeit benützten Erhitzungstemperaturen innerhalb der Zeitspanne von 3—15 sec. Aus den hier vorliegenden Versuchsergebnissen kann demnach geschlossen werden, daß auch in hocherhitzter Milch eine Regeneration der alkalischen Phosphatase prinzipiell möglich ist, zumal die technische Entwicklung der Erhitzungsapparate dahin geht, immer kürzere Erhitzungszeiten anzustreben. Die Regeneration ist allerdings auch unter den hier durchgeführten, für die Wiederkehr der Phosphatasereaktion günstigen Bedingungen so gering, daß in den meisten Fällen der qualitative alkalische Phosphatasetest (Lactognost HEYL[2]) versagte. Auch die quantitativen Bestimmungen — größenordnungsmäßig sind sie im praktischen Teil dieser Arbeit wiedergegeben (vgl. S. 486 u. 487) — erreichten nie die von WRIGHT und

---

[1] WRIGHT, R. C., u. J. TRAMER: Zit. S. 482, Anm. 4.
[2] SCHWARZ, G.: Diese Z. **94**, 88 (1951).

TRAMER als maximal bezeichnete Phosphataseaktivität von 5 der ursprünglich vorhandenen 100%, sondern lagen in der Regel innerhalb von 0,5—2,0%.

Es wäre deshalb vermessen, auf Grund dieser 2 Versuchsreihen anzunehmen, daß in der Praxis hocherhitzte Milch auch unter erschwerten Lagerbedingungen die Regenerationserscheinungen der alkalischen Phosphatase regelmäßig zeigt. Dieses Ergebnis könnten nur Versuchsreihen mit tiefgekühlter und dann wieder temperierter Milch erbringen. Unsere Versuchsergebnisse sollten lediglich darauf hinweisen, daß die Regeneration der alkalischen Phosphatase unter den für die Hocherhitzung in Frage kommenden Zeit- und Temperaturbedingungen überhaupt eintreten kann.

Experimenteller Teil
1. Regeneration bei verschiedener Milcherhitzung

Die *Milcherhitzung* führten wir mit dem Laborerhitzer von KIERMEIER und KAYSER[1] durch und variierten innerhalb einer Versuchsreihe die Erhitzungstemperatur bei konstant bleibender Erhitzungszeit. Die einzelnen Milchproben wurden auf 75, 80, 85, 90 und 93° C erhitzt, anschließend im Dunkeln bei 20° C aufbewahrt und nach 4, 8, 24 und 48 Std untersucht. Die Erhitzungszeit betrug jeweils 8, 10 und 40 sec. Da wir zu jeder Probe etwa 100 ml Milch benötigten, nahm die Erhitzung eine gewisse Zeit in Anspruch, so daß die 1. Enzymbestimmung genau 1 Std nach Erhitzungsbeginn erfolgte.

Alkalische und saure Phosphatase wurde nach der in einer früheren Mitteilung[2] beschriebenen Arbeitsweise bestimmt. Zu Beginn jeder Bestimmung stellten wir den p_H-Wert der Milch fest, der mit Spezial-p_H-Indicatorpapier (Merck) gemessen wurde. Die Anwesenheit der alkalischen Phosphatase prüften wir außerdem qualitativ mit dem Phosphatasereagens „Lactognost" (HEYL)[3].

Tabelle 3. *Regeneration der alkalischen Phosphatase nach Erhitzung auf Temperaturen von 75—93° C bei verschiedener Erhitzungsdauer*

Lagerzeit Std	Erhitzungszeit sec	Wiederkehr der Phosphataseaktivität in Milch nach der Erhitzung auf													
		75° C			80° C			85° C			90° C			93° C		
		qual. Test	quant. %	p_H-Wert	qual. Test	quant. %	p_H-Wert	qual. Test	quant. %	p_H-Wert	qual. Test	quant. %	p_H-Wert	qual. Test	quant. %	p_H-Wert
0					—	0	6,8	—	0	6,8	—	0	6,8			
4					(+)	1,5	6,8	(+)	2,0	6,8	(+)	1,5	6,8			
8	8				+	3,6	6,8	—	1,0	6,8	+	4,5	6,8			
24					(+)	2,0	6,8	—	0	6,8	(+)	2,0	6,8			
48					—	0	5,7	—	0	6,2	(+)	1,5	6,2			
0					—	0	6,4	—	0	6,4	—	0	6,4	—	0	6,4
4					—	0	6,4	—	1,0	6,4	—	0	6,4	—	0	6,4
8	10				—	1,0	6,4	—	0	6,4	—	0	6,4	—	0	6,4
24					—	0	6,2	—	0	6,4	—	1,0	6,0	(+)	1,6	6,2
48					—	0	4,6	—	0	4,6	—	0	4,6	—	0	5,7
0		—	0	6,6	—	0	6,6	—	0	6,6	—	0	6,6			
4		+	2,5	6,6	—	0	6,6	—	0	6,6	—	0	6,6			
8	40	—	0	6,6	—	0	6,6	—	0	6,6	—	0	6,6			
24		—	0	6,6	—	0	6,6	—	0	6,6	—	0	6,6			
48		—	0	6,1	—	0	6,1	—	0	6,4	—	0	6,4			

Die Zeichen für qualitative Phosphatasereaktion bedeuten: + = schwach positive Reaktion; — = negative Reaktion. Bei den in Klammer gesetzten Zeichen war eine eindeutig positive Reaktion nicht wahrnehmbar, die Proben waren bei Ausdehnung der Reaktionszeit um eine weitere Stunde lediglich schwach blaustichig, so daß nur ein Verdacht auf eine positive Reaktion besteht.

---

[1] KIERMEIER, F., u. CH. KAYSER: Zit. S. 481, Anm. 1.
[2] KIERMEIER, F., u. E. MEINL: Diese Z. 114, 110 (1961).
[3] SCHWARZ, G.: Zit. S., 485, Anm. 2.

Nach der Erhitzung war die Aktivität der alkalischen Phosphatase in allen Proben nicht mehr nachweisbar, die der sauren Phosphatase dagegen nur mehr oder minder geschwächt. Das Verhalten der sauren Phosphatase kann demnach nicht direkt als Regeneration bezeichnet werden, weshalb wir in Tab. 3—5 nur die Versuchsergebnisse mit der alkalischen Phosphatase wiedergegeben haben. Die in der Tabelle verzeichnete Aktivität in % bezieht sich auf die Aktivität in Rohmilch, die wir gleich 100 setzten.

2. Regeneration bei verschiedener Lagertemperatur

Wir führten 2 Versuchsreihen durch, wobei die Milch in dem Laborerhitzer unter den Bedingungen der Hocherhitzung behandelt wurde (Versuch 1 und 2 in Tab. 4) und entnahmen gleichzeitig Milchproben dem Hocherhitzer der Staatlichen Molkerei Weihenstephan (Versuch 3 in Tab. 4). Von jeder erhitzten Milchprobe bewahrten wir je 100 ml Milch bei 2° C (Eisschrank), 20° C (Zimmertemperatur) und 37° C (Brutschrank) im Dunkeln auf und untersuchten sie nach 4, 8, 24 und 48 Std. Die Bestimmung der alkalischen Phosphatase erfolgte in der üblichen Weise, nur dehnten wir die Reaktionszeit auf 60 min aus und erhöhten die Temperatur von 20 auf 37° C, so daß minimale Extinktionswerte sicherer erfaßt werden konnten.

Tabelle 4. *Regeneration der alkalischen Phosphatase in hocherhitzter Milch nach Aufbewahrung bei verschiedenen Temperaturen*

Versuchs-Nr.	Lagerzeit Std	Wiederkehr der Phosphataseaktivität nach der Hocherhitzung bei der Lagertemperatur von								
		2° C			20° C			37° C		
		qual. Test	quant. %	p$_H$-Wert*	qual. Test	quant. %	p$_H$-Wert	qual. Test	quant. %	p$_H$-Wert
1	0	—	0	6,2	—	0	6,2	—	0	6,2
	8	—	0	6,2	—	0	6,2	—	0	6,2
	24	—	0	6,2	—	0,57	6,2	+	2,20	6,2
	48	—	0	6,2	(+)	1,72	**6,2**	(+)	1,22	**4,6**
	72	—	0	6,2	—	0	**6,2**	(+)	2,00	**4,8**
2	0	—	0	6,4	—	0	6,4	—	0	6,4
	24	—	0	6,4	—	0,75	**6,2**	—	0	**6,4**
	48	—	0	6,4	—	0	**6,2**	—	0	**4,6**
3	0	—	0	6,2	—	0	6,2	—	0	6,2
	24	—	0	6,2	(+)	1,22	6,0	—	0,63	**4,6**
	48	—	0	6,2	—	—	**4,6**	—	0,79	**4,4**

Tabelle 5. *Regeneration der alkalischen Phosphatase in auf 90° C (10 sec) erhitzten Milchproben nach Aufbewahrung bei verschiedenen Temperaturen*

Versuchs-Nr.	Lagerzeit Std	Wiederkehr der Phosphataseaktivität nach Erhitzung auf 90° C (10 sec) bei der Lagertemperatur von								
		2° C			20° C			37° C		
		qual.	quant. %	p$_H$-Wert*	qual.	quant. %	p$_H$-Wert	qual.	quant. %	p$_H$-Wert
1	0	—	0	6,2	—	0	6,2	—	0	6,2
	8	—	0	6,2	—	0	6,2	—	0	6,2
	24	—	0	6,2	—	1,14	6,2	—	1,0	6,2
	48	—	0,71	6,2	(+)	1,58	6,2	—	0,63	**6,0**
	72	—	0	6,2	—	0,57	6,2	—	0,57	**4,8**
2	0	—	0	6,4	—	0	6,4	—	0	6,4
	24	—	0	6,4	—	0,75	**6,0**	—	1,06	**5,2**
	48	—	0	6,4	—	0	**4,6**	—	0	**5,2**

* Bei den halbfett gedruckten p$_H$-Werten war die Milch dick, zeigte aber keine normale, sondern Süßgerinnung, so daß sich der p$_H$-Wert anfangs nicht wesentlich veränderte.

Anschließend an diesen Versuch wurde noch die Regenerationsfähigkeit der alkalischen Phosphatase in Milch untersucht, welche 10 sec lang auf 90° C erhitzt und unter den oben beschriebenen Bedingungen gelagert wurde (Tab. 5).

Die in den Tabellen 3—5 der quantitativen Bestimmung verzeichneten Aktivitätsmessungen sind wie üblich auf die Aktivität in Rohmilch bezogen, welche wir genau wie die erhitzten Proben behandelt haben. Durch die erhöhte Temperatur und verlängerte Reaktionszeit verläuft die Enzymhydrolyse jedoch nicht mehr proportional der Reaktionsdauer — nach Untersuchungen von HAAB und SMITH[1] ist bei 37° C eine solche Proportionalität bereits nach Reaktionszeiten über 20 min fraglich —, so daß die gemessene Aktivität nicht der wahren Enzymaktivität entspricht, die höher liegen würde. Demnach verringert sich auch die Stärke der wahren Regeneration, so daß die in den Tabellen verzeichneten Prozentzahlen nur einen relativen Vergleichswert haben. Wir haben diesen Fehler vernachlässigt, da es uns in erster Linie darauf ankam, festzustellen, ob unter diesen bestimmten Temperatur- und Zeitbedingungen überhaupt eine Regeneration der alkalischen Phosphatase stattfindet.

Zusammenfassung

Die Regenerationsfähigkeit der alkalischen Phosphatase wurde erläutert und gezeigt, daß auch in hocherhitzter Milch eine Regeneration der alkalischen Phosphatase beobachtet werden kann. In kurzzeiterhitzter Milch kann diese Regeneration nur unter praxisfremden Bedingungen eintreten, so daß die Beweiskraft der Phosphataseprobe in kurzzeiterhitzter Milch durch die Regenerationserscheinungen der alkalischen Phosphatase praktisch nicht geschmälert wird.

---

[1] HAAB, W., u. L. M. SMITH: J. Dairy Sci. **39**, 1644 (1956).

Zur Kenntnis der Milchphosphatasen

V. Mitteilung

Einfluß von Effectoren auf die Aktivität der sauren Phosphatase in Kuhmilch

Von

Friedrich Kiermeier und Elfie Meinl[*]

Mitteilung aus dem Milchwirtschaftlichen Institut der Technischen Hochschule München in Weihenstephan

(Eingegangen am 12. Januar 1961)

---

[*] Die Arbeit stellt einen Auszug aus der Dissertation von E. Meinl dar: „Über Vorkommen und Eigenschaften der Phosphatasen in Kuhmilch, Technische Hochschule München 1960.

1. Spezifische Effectoren

Neben den für Phosphatasen spezifischen Effectoren Phosphat und Arsenat können noch Sulfhydrilreagentien, Schwermetalle und Komplexbildner wie Fluorid, Tartrat, Oxalat und auch Molybdat die Aktivität der sauren Phosphatasen beeinflussen. Sie alle inaktivieren das Enzym.

Die Effectorwirkung der Sulfhydrilreagentien sowie die der Schwermetalle wird allgemein durch die Blockierung aktiver SH-Gruppen im Enzymmolekül erklärt. Im Gegensatz zu den sauren Phosphatasen des Typus IV werden die sauren Phosphatasen vom Typus II durch Sulfhydrilreagentien nur schwach gehemmt[1]. So vermag p-Chloromercuribenzoat oder ein Oxydationsmittel wie zweiwertiges Kupferion gereinigte Prostataphosphatase erst nach längerer Reaktionszeit zu inaktivieren. Die Hemmung kann durch Cystein — vorausgesetzt, daß das Protein des Enzyms durch thermischen Einfluß nicht denaturiert ist — völlig rückgängig gemacht werden.

[1] Tsuboi, K. K., u. P. B. Hudson: Arch. Biochem. 55, 206 (1955).

Andere Thiolreagentien wie Iodessigsäure oder Iodacetamid haben wenig oder gar keinen Einfluß auf die Enzymaktivität[1].

Empfindlicher reagieren die sauren Phosphatasen auf Schwermetallspuren. Bei hochgereinigten Enzympräparaten können schon die Verunreinigungen ausreichen, die durch Glaswände oder Dialysierschläuche ins Reaktionsgemisch gelangen, um das Enzym vollkommen zu inaktivieren. Die Hemmung ist kompetitiv. Sie kann durch metallkomplexbildende Substanzen wie „Versene" oder Citrat teilweise rückgängig gemacht bzw. verhindert werden[2, 3].

Der spezifische Inhibitor für die sauren Phosphatasen vom Typus II ist jedoch das Fluorid. Wie Untersuchungen mit gereinigter Prostata- und Hefe-Phosphatase ergaben, ist die Hemmung reversibel und nimmt mit steigender Fluoridkonzentration — ab 10^{-2} mol — wieder ab. Die Anwesenheit von inertem Protein verzögert den reversiblen Prozeß, hebt ihn aber nicht auf. REINER, TSUBOI u. HUDSON[4] erklären die Inaktivierung der sauren Phosphatasen durch Fluorid als eine kompetitive Hemmung. Sie nehmen an, daß das Enzym eine elektropositive Zone besitzt, die normalerweise mit dem Substrat reagiert. Das Fluorid blockiert nun als dimeres Anion — wahrscheinlich als HF_2^- — diese Zone und inaktiviert das Enzym. Den reversiblen Prozeß erklären sie durch die Bildung eines höheren Fluoridpolymers in konzentrierteren Fluoridlösungen — wahrscheinlich $(HF_2)_2^{--}$. Dieses verbindet sich zunächst ebenfalls mit der aktiven Zone, wird aber dann vom Substrat verdrängt, wodurch das Enzym vor der eigentlichen Fluoridhemmung geschützt wird[4].

Die Hemmung durch Tartrat[5] und Molybdat[6] ist ebenfalls rein kompetitiver Natur. Sehr schwach ist die Inaktivierung durch Oxalat, die nach TSUBOI und HUDSON[2] durch die Bildung eines hochdissoziierten Enzym-Oxalat-Komplexes zustande kommt.

Effectoren, die einen aktivierenden Einfluß auf die sauren Phosphatasen des Typus II ausüben, sind wenig bekannt. Zweiwertigen Metallen gegenüber, wie z. B. Magnesium, verhalten sich die einzelnen Enzyme meist indifferent, oder sie werden nur schwach inaktiviert. Eine Ausnahme scheint die Weizenkeimphosphatase zu sein. Nach Untersuchungen von COHEN, BIER und NORD[7] vermag Cobalt und etwas schwächer Magnesium, Mangan und Zink die Aktivität des Enzyms zu stabilisieren. Da metallkomplexbildende Substanzen wie Versene, Glykokoll und Citrat das Enzym spontan inaktivieren, vermuten die Autoren, daß es sich bei dieser sauren Phosphatase um ein Metallproteid handelt. Spektrographische Analysen ergaben auch die Anwesenheit von Eisen im Enzymmolekül, seine Funktion konnte aber noch nicht geklärt werden. In ihrem übrigen Verhalten ist diese Phosphatase jedoch eine typische Phosphomonoesterase des Typus II und wird nicht dem Typus III oder IV zugeordnet, die durch Magnesium und andere zweiwertige Metallionen inaktiviert bzw. stark aktiviert werden. Dieses Beispiel zeigt nur, wie verschieden die einzelnen isodynamen Phosphatasen einer Gruppe reagieren können.

2. Einfluß von Effectoren in der Milch

Versuche mit Effectoren dienen meist zur Aufklärung der Konstitution des betreffenden Enzyms und werden daher in hochgereinigten oder zumindest angereicherten

---

[1] TSUBOI, K. K., u. P. B. HUDSON: Arch. Biochem. **55**, 191 (1955).
[2] TSUBOI, K. K., u. P. B. HUDSON: Zit. S. 488, Anm. 1.
[3] TSUBOI, K. K., u. P. B. HUDSON: Arch. Biochem. **49**, 339 (1952).
[4] REINER, J. M., K. K. TSUBOI u. P. B. HUDSON: Arch. Biochem. **56**, 165 (1955).
[5] ABUL-FADL, M., u. J. E. KING: Biochem. J. **45**, 51 (1949).
[6] COURTOIS, J., u. M. BOSSARD: Bull. Soc. chim. biol. (Paris) **27**, 464 (1944).
[7] COHEN, W., M. BIER u. F. F. NORD: Arch. Biochem. **76**, 204 (1958).

Enzymlösungen ausgeführt. In der Isolierung reagiert das Enzym jedoch bedeutend empfindlicher mit dem zugesetzten Reagens; einerseits, weil die Wirkung des Effectors stark von der Reinheit des verwendeten Enzympräparates abhängt, andererseits weil durch die Enzymisolierung der Umwelteinfluß des ursprünglichen Enzymmilieus ausgeschaltet wird. Da es aber häufig interessiert, wie sich das Enzym im ursprünglich vorhandenen Milieu verhält, nahmen wir von einer Isolierung Abstand und führten unsere Versuche direkt in Milch durch.

Tabelle. *Einfluß anorganischer Effectoren auf die Aktivität der sauren Phosphatase in Milch*

zugesetzter Effector	Phosphataseaktivität, bezogen auf den effectorfreien Ansatz (= 100%) nach Zusatz von Effectorlösung in der Konzentration von:						
	10^{-2} m %	10^{-3} m %	10^{-4} m %	10^{-5} m %	10^{-6} m %	10^{-7} m %	10^{-8} m %	10^{-9} m %
$Mg(CH_3COO)_2$	100*	102	102	110	100	103	103	100
$CoSO_4$	120*	117	114	100	100	100	100	100
$MnSO_4$	71*	88*	93	96	101	96	100	100
$CuSO_4$	27*	44*	53	71	95	98	100	100
NaF	8	14	60	95	102	101	98	99
Na_2S	28**	62**	116	103	98	100	100	100
Na-Arsenat	—*	114*	110	107	95	103	—	—
$(NH)_4$-molybdat	115	107	103	102	102	100	—	—

* = Bei dieser Konzentration trat in der Milch Proteinfällung ein.
** = Die Meßlösungen dieser Proben besaßen Mischfarben.

Nach den in der Tabelle zusammengefaßten Hemmversuchen wirkt die kolloide Zusammensetzung der Milch aus Wasser, Eiweiß, Fett und Salz stabilisierend auf die Aktivität der sauren Phosphatase. Eine völlige Inaktivierung konnte in dem Konzentrationsbereich von 10^{-9} bis 10^{-2} mol nicht einmal mit Natriumfluorid erreicht werden. Auch der Zusatz von Kupfersulfat führte nur zu einer partiellen Inaktivierung. Arsenat und Molybdat wirken auf das Enzym in der Milch eher stimulierend als inaktivierend. Der Einfluß von Magnesium ist sehr gering und hat mehr aktivierenden Charakter, was bereits von MULLEN beobachtet wurde[1]. Bemerkenswert ist die relativ hohe Aktivierung durch Cobaltsulfat, die SCHORMÜLLER auch bei der sauren Phosphatase des Sauermilchkäses[2] und Hühnereies beobachten konnte[3].

Die durch Natriumsulfid bei hohen Konzentrationen beobachtete Inaktivierung ist problematisch. Natriumsulfid reagiert nämlich mit dem in der Bestimmungsmethode verwendeten Farbreagens unter Bildung von Mischfarben, wodurch eine Aktivitätsverminderung vorgetäuscht werden kann. Bei niederen Konzentrationen wird das Enzym eher aktiviert. Auch die Inaktivierung durch Mangansulfat muß nicht durch reine Effectorwirkung entstanden sein. Die Konzentrationen von 10^{-2} bis 10^{-3} mol, bei denen eine Hemmung der Enzymaktivität beobachtet werden konnte, verursachten gleichzeitig eine so starke Coagulation des Milchproteins, daß die beobachtete Aktivitätsverminderung auch durch teilweisen Einschluß des Enzyms in das Coagulum oder durch Inaktivierung des Milchproteins und damit auch des Enzymproteins entstanden sein kann. Eine Aufklärung dieser Fragen könnten Versuche mit Milchproben erbringen, bei denen das Milchprotein wenigstens teilweise entfernt wurde.

---

[1] MULLEN, J. E. C.: J. Dairy Res. **17**, 288 (1950).
[2] SCHORMÜLLER, J., u. S. HOTHORN: Dtsch. Lebensmitt.-Rdsch. **52**, 57 (1956).
[3] SCHORMÜLLER, J., u. E. LAHMANN: Diese Z. **103**, 211 (1956).

Wegen des relativ hohen Gehaltes der Milch an freien SH-Gruppen nahmen wir von einer Untersuchung der Inaktivierung der sauren Phosphatase durch Sulfhydrilreagentien Abstand. Diese Versuche müßten in isolierten Enzymlösungen ausgeführt werden, da die Gefahr besteht, daß die freien SH-Gruppen der Milch einen hohen Prozentsatz der Sulfhydrilreagentien abfangen, bevor eine Reaktion von Enzym und zugesetztem Reagens eintritt.

Versuchsdurchführung

50 ml Milch wurden mit 5 ml Effectorlösung der Konzentration m^{-x} ($x = 1$ bis 100^{10-7} mol) versetzt. Nach einer Einwirkungsdauer von 60 min bestimmten wir in 1 ml dieses Milch-Effectorgemisches nach der üblichen Arbeitsweise[1] die Aktivität der sauren Phosphatase. Mit Hilfe eines zusätzlichen Blindwertes, ausgeführt in der Milch der höchsten Effectorkonzentration, wurde die nicht-enzymatische, durch den Fremdzusatz bedingte Substrathydrolyse erfaßt und — wenn nötig — vom Hauptwert abgezogen. Die Konzentration des zu bestimmenden Effectors errechnete sich bei dem Versuchsansatz von 10 ml Puffersubstratlösung + 1 ml obiges Milcheffectorgemisch zu $10^{-(x+2)}$ mol.

Der Einfluß des Effectors wurde an Hand einer Bezugsprobe gemessen, deren Aktivität wir gleich 100 setzten und dann alle gemessenen Enzymaktivitäten auf sie bezogen. Diese Bezugsprobe enthielt statt der Effectorlösung Wasser

Die in der Tab. angegebenen Zahlen unter 100 drücken demnach eine prozentuale Inaktivierung solche über 100 die entsprechende Aktivierung aus.

Zusammenfassung

Die Aktivität der sauren Phosphatase in Milch verhält sich gegenüber Effectorzusatz relativ indifferent. Durch Natriumfluorid und Kupfersulfat — zwei spezifischen Inhibitoren der sauren Phosphatase — konnten innerhalb des Konzentrationsbereichs von 10^{-9}—10^{-2} mol keine völlige Inaktivierung des Enzyms erreicht werden. Der Zusatz von Cobaltsulfat bewirkte eine geringe Aktivitätssteigerung.

MIX
Papier aus verantwortungsvollen Quellen
Paper from responsible sources
FSC® C105338

If you have any concerns about our products,
you can contact us on
ProductSafety@springernature.com

In case Publisher is established outside the EU,
the EU authorized representative is:
**Springer Nature Customer Service Center GmbH
Europaplatz 3, 69115 Heidelberg, Germany**

Printed by Libri Plureos GmbH
in Hamburg, Germany